養分バランス施肥

だれでもできる

「水・湿度・肥料」一体で上手に効かす

武田 健――著

農文協

本書では、盛んに云われる施肥改善や土づくり、その効果を現場で確実にしていくうえで基本となる諸管理についてまとめました。それはいわば、施肥のカナメの管理です。ポイントして挙げているのは、土の固さ柔らか（物理性）の点検、日照と温・湿度の点検、養分バランスの点検の三点です。本書ではこれらを総合的に診断し管理していくことで、ハイクオリティー・ローコスト・ミドルプライスを実現する道筋を示しています。施肥に不安を感じ、管理に迷われている新規就農者の方はもちろん、ベテラン農家、指導者の方まで役立てて頂ければ幸いです。

本書は私が現場を歩きながら観察、指導してきた結果をもとにまとめたものです。その際、『農業技術大系　土壌施肥編』（農文協）の諸論文やデータを参考にしました。先行する私の二冊の著書『新しい土壌診断と施肥設計』『絵で見る　おいしい野菜の見分け方・育て方』（いずれも農文協）と併せ、参考にして頂けたらと思います。

本書の発行にあたっては企画段階から木村信夫氏と農文協書籍編集部に大変お世話になりました。厚くお礼申し上げます。まことに有難うございました。

二〇〇六年九月

武田　健

目次

3章　肥効を高める水管理のし方

序　施肥の前に、水、湿度を整える
——これからの施肥技術の基礎

チッソ一kgで何tのトマトを穫っていますか？

本書のテーマである施肥技術について、まず、栽培者ならだれでも使い、もっとも馴染み深い肥料であるチッソについて考えてみよう。

たとえば、ふつうのトマト栽培では、元肥にチッソを成分量で二〇kg施して四段花房くらいまで、およそ五tの収穫ができる。そのあとは追肥によってチッソを補給していく。二〇日ごとに、五kgのチッソを追肥するとして、一回分で一t余り収穫できる。四回追肥して四、五段分、約四t、全体では九t余りの収穫となる。

この場合、施したチッソは四〇kg。チッソ一kgあたりトマト二二五kgの収穫である。一tのトマトを肥大・成熟させるのに使われるチッソは成分

■あなたのチッソ利用効率は？

量で約三kgだから、収穫が九tだと二七kg使われたことになる。この場合の施したチッソ四〇kgに対する吸収・利用効率は七〇%弱である。

トマトなど果菜類はふつう、上段の花房になるにつれて花の活力が弱り、果実を肥大させる樹の力が衰えてくる。「成り疲れ」である。それでも無理して成らせると、樹が極端に弱って花も少なくなって、収穫を休まねばならなくなる。そこで、樹自身が負担を軽くするために着果を減らし、また栽培者が一段あたりのトマトの数を四個とか三個に制限する摘果を行なって対応している。これにより、チッソ一kgあたりの収穫が二〇〇kg、一五〇kgと低下し、利用効率が六〇%、五〇%台に下がっていく。もっと穫れるだけのチッソを施しているのに、果実を減らして、吸収・利用効率を落としているのが現状である。あなたの場合は、どうだろうか?

大事なチッソの利用効率

一方で、同じようにチッソを施して、一段に五個成らせて、大きく肥大させること、さらには収穫段数を増やすこともできる。たとえば、二〇kgの元肥で六t収穫し、五kgずつ四回の追肥でさらに六tの収穫をする人がいる。四〇kgのチッソ施肥で一二tの収量だから、チッソ一kgあたりの収量は三〇〇kgで、その吸収・利用効率は九〇%である。

同じチッソ施肥、同じ肥料代で、九tと一二tの違いは大きい。何せその差、三tは経費部分を除いた、丸まる純利益部分の増加になるからだ。「計算」が成り立つ農業とはこういうことで、使った肥料代に対して確実に高い純利益が見込めることが大事なのである。

徒長枝づくりか、収量・品質アップか

…たとえばリンゴで

同じことは、すべての作物に当てはまる。リンゴでは、チッソを同じように三〇kgやっても、毎年徒長枝を伸ばしては切ることを繰り返して、収量が三、四t止まりの人と、毎年確実に六tの収

量を上げる人がいる。前者は、リンゴの花を増やし、実を肥大させるべきチッソが、徒長枝づくりに回り、それを毎年切り捨てている。トマトの摘果と同じようにチッソの無駄、吸収・利用効率の低下をおこしている。

これも、樹のチッソの使い方をガラリと転換して、花と果実に振り向け、五t、六tと収量アップすることができる。

環境重視の時代には、少チッソで収量向上…たとえばお茶で

お茶の場合はどうだろうか？　環境重視の動きのなかで、チッソ施用量は一〇aあたり五〇kg以下とされるようになってきた。その前には、八〇kgでもだめだというので、一〇〇kg、一五〇kgと施用量を増やしてきた。それでも、おいしいお茶の安定生産にはなかなかならず、溶脱したチッソによる地下水の汚染が問題になった。収穫は、新芽の葉が三枚、さらには二枚と若いうちに摘採する「みる芽摘み」の早出しで、単価を上げる競争がおこっていった。収量は犠牲にされ、一番茶で一〇aあたり四〇〇〜五〇〇kgに低下した。チッソのムダがおこっていたのである。

しかし、新芽の葉を四、五枚と大きくして摘み、一〇aあたり六〇〇〜七〇〇kgの収量を上げても、二、三枚の「みる芽摘み」に負けない味と品質のお茶はできる。環境保全型農業のために、チッソ施用量の減量が求められる時代には、チッソを確実に効かせて高品質・多収できる技術こそ、農業経営の永続にとって不可欠といえるのではないだろうか。

高品質・多収・減農薬が同時実現

ここまで、おもに収量について見てきたが、チッソの吸収・利用効率の高い栽培は、生産物の品質が高く味がよく、生産物の姿形も美しく、体が健康で病害虫にも強いことに注目したい。

チッソが十分に吸収されなければ、樹の生長が衰え、花を着け果実を肥大させる力がなく、収量

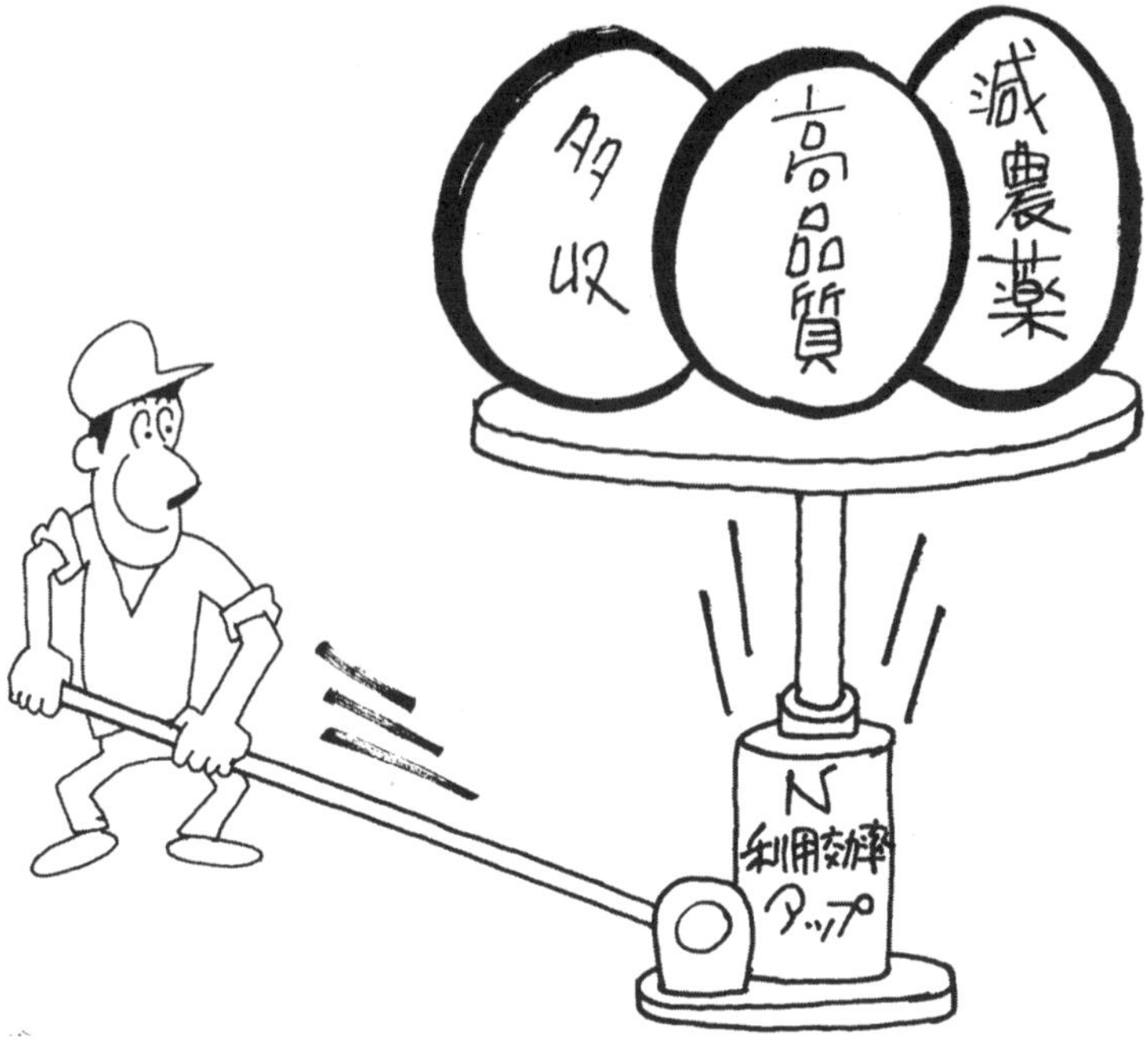

■チッソが利用効率アップで高品質多収、減農薬も実現

が低下するとともに、生産物は小さくみずみずしさに欠けるものになって品質が低下する。また、害虫の被害を受けやすくなる。

一方、チッソが多すぎて石灰やリン酸などとのバランスが崩れると、樹ばかり繁って、花や果実がつかず、収量が低下する。さらには、生産物の味や色が悪く、ミネラルなどの養分が少ないなど品質が低下し、体は軟弱で病気にかかりやすくなる。

前著『絵で見る　おいしい野菜の見分け方　育て方』（農文協）で、「野菜品質三K＝きれい、高品質、健全・多収」を同時実現できる野菜の見方と栽培について紹介したが、その基本は、**チッソの利用効率を高める栽培**にほかならない。健康に育って減農薬栽培でき、おいしく・きれいで日持ちがいいから、消費者に喜ばれる。直売・産直では、自分の

■ふだんの管理で変えられる！

生産物の健康さ・おいしさ・きれいさなどのよさと味わい方を伝えて、楽しい付き合いを広げ、リピーターを増やすことができる。つまり、生産物の販売、マーケティングの面においても「計算」が成り立つ農業につながるのである。

肥料だけの対応では難しい施肥改善

チッソを確実に効かせる施肥技術といえば、これまでは、肥料をどう選んで、いつどのように施すかという肥料管理のことと考えられてきた。確かにそれも大事であるが、本書が勧める施肥技術は、それだけではない。肥料管理だけだと、どうしても人によって上手下手が現われる。本書は、皆さんが日常やっている作業に注目し、肥料管理と適切に組み合わせることによって、収量・品質がグンとよくなる技術を紹介する。

カギは水管理、換気管理をかえてみる

日常的にだれもがやっている作業とは、**水管理と湿度管理**である。天気と土の乾き具合を見ながら、かん水することはだれでもやっている。また、ハウス栽培では、朝、カーテンを開けて夕方閉めるという換気作業もだれもがやっている。換気す

れば、入ったときに曇った眼鏡が乾いてくるということはよく経験するが、換気は温度管理であると同時に、湿度管理でもある。また、強い日ざしを弱める遮光もよく行なわれているが、これも湿度管理につながる有力な手段と考えてよい。

水管理と湿度管理は、水と空気の管理であり、経費が余計にかかるものではない。もちろんかん水を増やせば、水道代がかかる。しかし高価な微生物資材肥料を大量に施すように、多額な投資を伴わない。いわば「追加投資ゼロの管理」である。

これら、追加投資ゼロの管理を意識的に行ない、上手に使いこなすことこそが、じつはチッソの利用効率を高める基本なのである。つまり、収量・品質の向上につなげるベースというわけだ。施肥技術のベースは、肥料でなく、水と湿度の管理にあるといって過言ではない。

安定収入につながる技術として

農業を志す人にとっては、自分がやろうとする作物が本当に採算にみあうかどうかということが、最大の関心事である。これだけ投資してこれだけつくったらこれだけの利益が出て、家族が暮らしていける、という「計算」ができて、確信のもてる農業になる。

すでに農業をしている人にとっても、その作物栽培を今後も続けて、後継者に引き継いでいくためには、収量・品質の向上による利益向上の「計算」が成り立ち、将来が楽しみな経営をつくっておきたい。

本書で紹介する「水-湿度-肥料」一体の施肥技術は、まさにそのような技術として、これからの農業経営の基礎と位置づけていただきたい。

1章

肥料が効くしくみ
——養分はどのようにして吸収される？

施肥といえば、まず肥料を何を選び、どう施すかに関心がいく。しかし、「肥料の前に水と湿度ありき」が、本書の立場である。

では、なぜ水なのか？　まず養分吸収のしくみと、それを左右する環境との関係を考えてみよう。

1 肥料の前に土の物理性の管理を

土づくりと施肥を行なうにあたり、土の三つの性質、すなわち物理性・化学性・生物性のなかで物理性をもっとも根本に位置づけるのが、筆者の考え方である。

物理性は、土の水もち＝保水性、酸素供給＝通気性、土の硬さ・軟らかさ、重さなどの性質である。化学性は、養分環境とその吸収・利用、生物性は微生物などによる有機物分解や土壌病害にかかわる性質である。

前著『新しい土壌診断と施肥設計』（農文協刊）では、作物の健康と収量・品質を確実に高めるための土づくりとは、土の物理性の診断と改善をベースにした化学性・生物性の改善であることを明らかにして、その筋道と方法をまとめているので、ご覧いただきたい。

本書では、物理性の改善を、さらに日常的な施肥管理の基本として位置づける。ふつう、物理性の改善といえば、良質堆肥の投入などによる土づくりのことで、栽培前の圃場準備段階の仕事と考えられる。しかし、それだけではなく、毎日の日常管理のなかで、土の物理性を最適状態にしていくことが、作物の生育と収量と品質にとってきわめて重要なのである。その中心が「水」である。

2 土の中の水と酸素の働き

肥料は水に溶けて吸収される

土に施した肥料は、イオンの形で水に溶けて、植物の根に吸収される。植物の生活に水そのものが必要であるのはもちろんだが、土から養分を吸収するのにも、水が欠かせない。養分が溶けている水を「土壌溶液」という。

土の中で水は、重力で下に流れ落ちたり、毛管現象で上に移動して蒸発したりして、つねに移動している。また、雨やかん水でたっぷり溜まったり、乾いたりして大きく変動している。それ

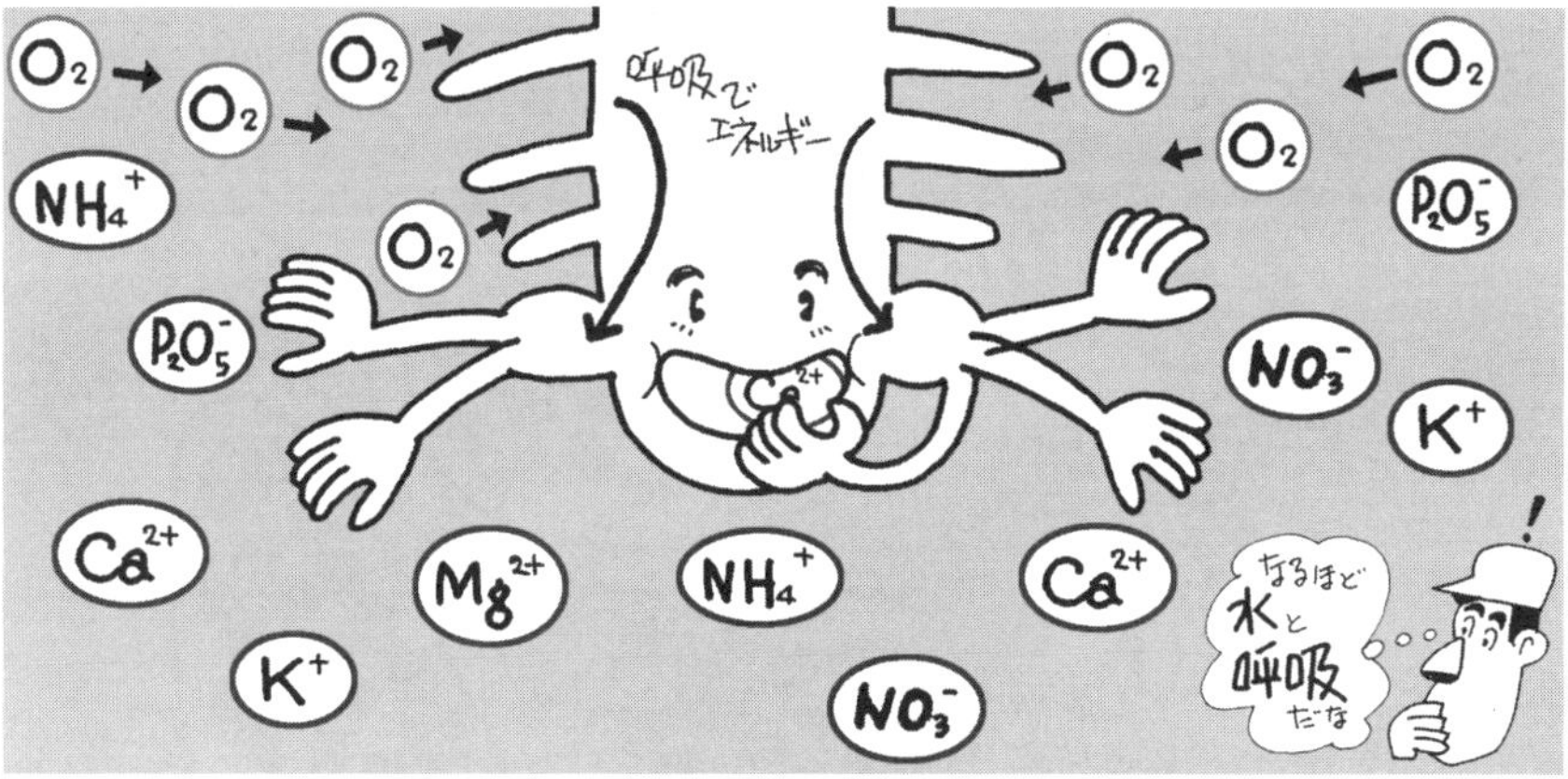

■肥料は水に溶けて吸収される

にともなって、養分の吸収しやすさも大きく変動する。

水が十分あれば、肥料養分がよく溶け出して、吸収されやすくなる。乾燥するにつれて、養分の溶け出しが少なく、吸収されにくくなる。また、養分を多量に含んだ土壌溶液は乾燥すると、濃度がさらに高まって根に障害をもたらす。

このように、施した肥料が効くか効かないかは「水まかせ」である。だから、物理性のよい土の状態とは、第一に、土壌溶液の量、濃度の変動が少なく、施した肥料を安定して植物に供給できる状態、保水性のよい土である。

肥料は、呼吸による力で吸収される

しかし、保水性がよいだけでは、養分吸収はできない。養分を吸収する主役は作物の根であり、根は呼吸によってエネルギーを取り出して活動する。そのため、まわりに新鮮な空気（酸素）があることが必要で、酸素が不足すると根は呼吸活動ができず、養分吸収ができない。

さらには、養水分の吸収活動は、根のうちでも盛んに伸びている細根の先端付近と、そこから出ている根毛だ。細根や根毛はとくに、リン酸や石灰など作物体が健康に育ち、収穫物の品質をよくするうえで欠かせない養分を吸収する。だから、土に酸素が十分ないと、細根・根毛の発達が悪く、その活動が低下して、養分のバランスが悪化

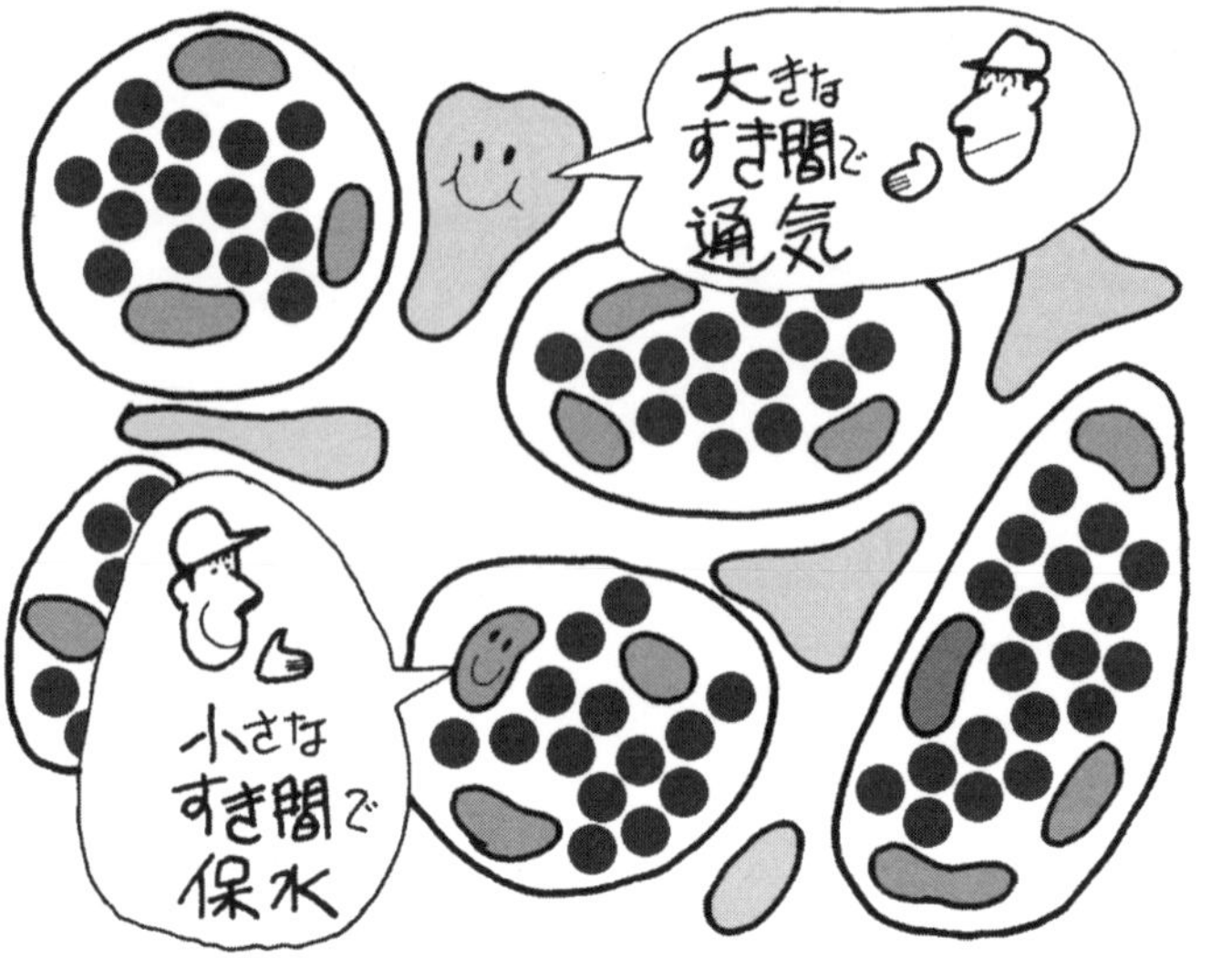

■土壌孔隙は水と酸素の通り道

する。チッソだけが優先的に吸われて軟弱に育つのはこのような場合だ。

根を観察するとわかるように、根毛はかん水などで酸素不足になるとすぐに消えてしまう。乾燥にも弱い。したがって、物理性のよい土の状態とは、第二に、根に水とともに酸素が十分に供給され続けること、すなわち通気性のよい土である。

土壌孔隙は水と酸素の通り道

土の中の水と酸素は、一方が多くなると、他方が少なくなるというように、相反する関係がある。つまり、保水性と通気性は矛盾する面がある。しかし、土は、この矛盾する二面を両立させることができる。そのために、多くの植物が育ち、有機物リサイクルの主役である土壌微生物や小動物を養う大地となり得ている。

その働きをするのが、土の中のすき間＝孔隙《こうげき》である。土には、大小さまざまな孔隙がある。降雨やかん水の最中には、大きな孔隙も小さな孔隙も水で満たされるが、すぐに大きな孔隙の水は重力で地下に流れ去り、ここが新鮮な空気で満たされる。一方、小さな孔隙の水は毛管現象で長期間保持されて、根に水を供給し続ける。

大きな孔隙と小さな孔隙をバランスよくもっていることが、保水性と通気性を両立させ、水と酸素の供給を安定させる。このような状態を、毎日持続させることで、養分が十分に、かつバランスよく吸収できて、作物の収量・

品質・健康度が高まる。さらには、栽培時期によって、発芽期や生長を盛んにしたい時期には水を多めに、収穫物の味がよくなる栽培後期には乾かしぎみにして土中酸素を多めに、というように、日常作業のなかでコントロールすることによって、成果はより確実なものになる。

日常作業で、水と酸素の最適状態を持続させる

本書では、水と酸素の最適な状態をつくり、コントロールできる方法を紹介していくが、先にその最適状態をいってしまえば、気相率《きそうりつ》二四％（一六～三〇％）、土の比重一・〇付近が管理目標となる。この意味や判断基準などについては後述するが、この状態をつくる管理方法そのものは、そんなに特殊で難しいものではない。かん水を中心に、耕うん・鎮圧、マルチ、温度・湿度・光線管理など、毎日行なっている作業そのものを、意識的に上手に組み合わせて行なえばよいのである。それだけで、肥料の吸収・利用は格段によくなる。

3　湿度で肥料の効果が大変化

土壌水分と大気湿度は連動している

もう一つの湿度についても、毎日行なう作業を意識的に変えて行なうことで、施肥効果がグンと高まる。この湿度の肥効への影響はたいへん大きい。

土と空気、大地と大気とはつながって、この間で水が循環している。大気の湿度が低いと、大地からの水分蒸発が盛んになって土は乾き、大気の湿度が上昇する。大気の湿度が高まると大地からの蒸発は少なくなり、さらに湿度が高まって飽和水蒸気量を超えると露や雨となって、大地に水を供給する。

このような、水・水蒸気の循環が露地の畑でも、ハウスの内部でもおこり、作物の養分吸収・利用に大きな影響を与えている。とくに湿度が三〇％とか二〇％に下がると、土からの蒸発が激しくなり、土の水分不足を招き、チッソや石灰などの土壌溶液への溶け出しと、養分吸収が著しく低下する。このような空気と土の乾燥状態が、とりわけ日中のハウス栽培で激しくおこり、

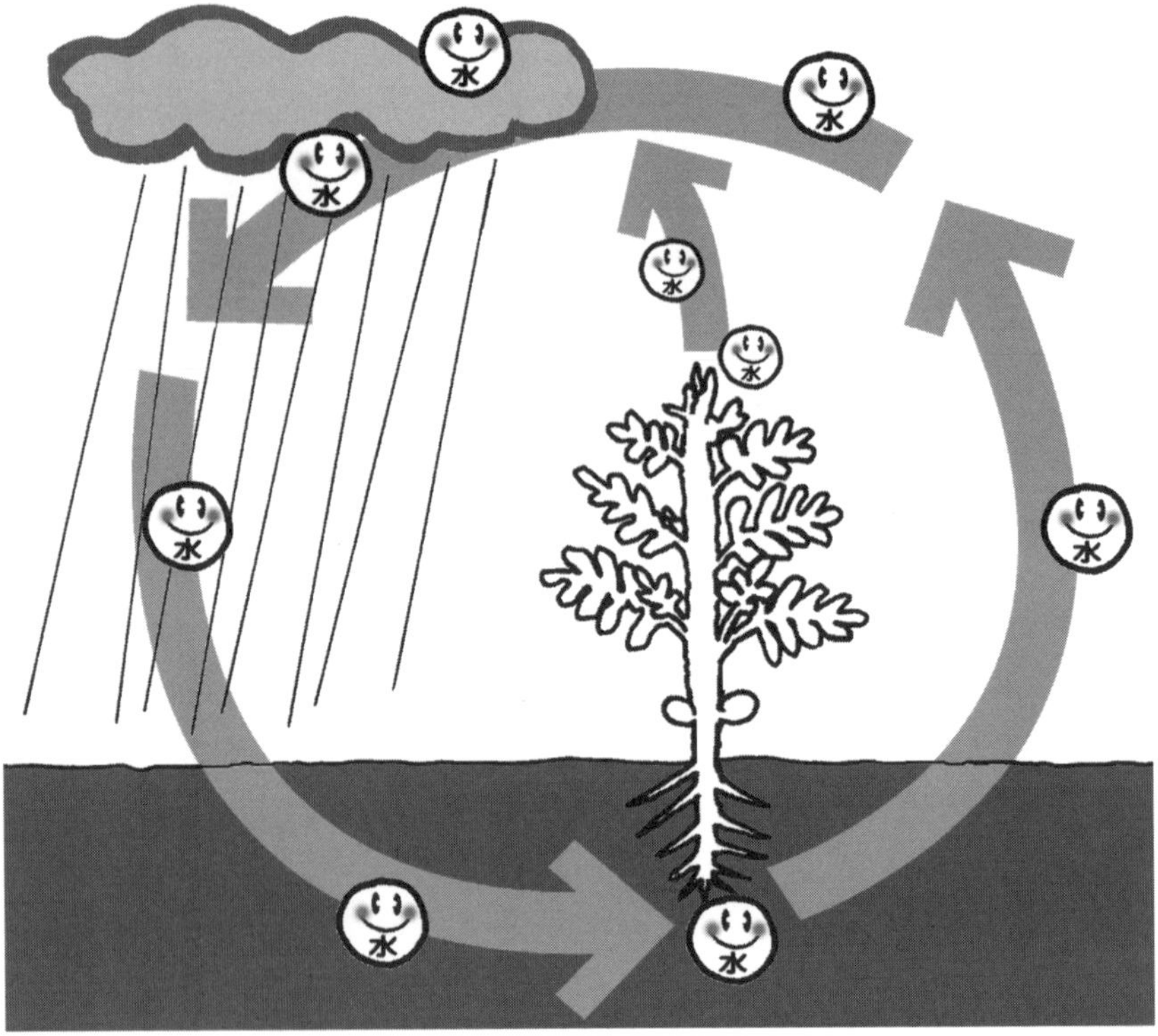

■作物体も大地と大気をめぐる水循環の一つ

生育と収量の低下、アブラムシ類やスリップスなど害虫の多発を招いている。

一方、夜間から朝には九〇％、一〇〇％の高湿度状態となりやすく、その状態が長く続くと、チッソが優先的に吸収・利用されて作物の体が軟弱に育ち、生産物の品質低下、細菌やカビによる病気の発生につながる。

養分の吸収と体内移動にも大きく影響

水は大地と大気の間で循環するだけでなく、作物体そのものも水循環の中に組み込まれて、養分の吸収と移動を行なっている。

植物は、土壌溶液に溶けたチッソやリン酸などの養分を吸収して、地上部へ移動させ、葉で光合成した炭水化物とあわせてたんぱく質などの有機物を合成している。そして生長し、生産物をつくりだす。この養分の吸収移動には力が必要であるが、それには呼吸によるエネルギーと、葉面からの水の蒸散による吸い上げ力（上向きの圧力勾配）が働いている。

大気の湿度が下がったり、風で葉面付近が乾燥したりすると、蒸散が活発になり、ケイ酸などの養分の吸収が促進される。しかし、気温が上昇して湿度がさらに低下すると、植物は枯れるのを防ぐために気孔を閉じて、光合成も養分吸収も活動をストップしてしまう。

また、湿度が高すぎると、蒸散がおこらず、養分吸収と移動がスムーズに行なわれなくなって、養分のバランスが崩れる。

日常作業で、最適湿度状態をつくる

このように、「土–作物体–空気中」のつながりの中で行なわれる養分の吸収・移動に、大地の土壌水分と、大気の湿度が大きく関係している。活発でバランスのよい養分吸収のための「最適水・酸素状態」は、上述のように気相率二四％、比重一・〇である。湿度は、作物によって日中五〇～六〇％とか、六〇～七〇％が「最適湿度状態」で、これが管理目標になる。

最適湿度状態をつくるものは、水管理と同じく、日常の管理作業である。ハウスの開閉による換気・通風・保温のほか、遮光、マルチ、かん水、蒸散水の補給、作物の繁り具合の調節（うね間・株間、整枝）など露地栽培でも日常的に行なう管理作業である。これらを上手に組み合わせ、最適湿度状態をできるだけ長時間保ってやることで、作物の葉、株の姿形が一変して、高収量・高品質型の生育コースに入っていく。

そんな変化を楽しみに、湿度の測定、および土の気相率や比重の測定を、日常作業に位置づけている生産者やＪＡ営農指導員が増えている。水と湿度の管理を、施肥の重要作業として取り組んでいただきたい。

2章

施肥は「水—湿度—肥料」一体で考える

序章で、チッソを上手に効かせることによって、高品質・多収・減農薬生産が可能になると述べたが、それは、「水—湿度—肥料」の三つの管理の上手な組み合わせによって実現できる。このクリーンアップトリオの連携プレー効果は大きい。典型的でわかりやすい例として、回復困難な病気が蔓延して収量も品質も大幅に低下し、栽培続行はムリとされたハウストマトが、元気回復した大逆転劇からご紹介しよう。

1 〈事例から〉黄化葉巻病をはね返す
——肥料が効き出すとき

病気蔓延であきらめかけたハウストマト

鹿児島県東部のあるJA管内の組合員の促成トマトハウスでは、トマトの収穫が三段目に入った二月後半、シルバーリーフコナジラミが増え始めた。すぐにこの害虫が媒介する黄化葉巻病が広がって、葉がちぢみ、生長点が止まり、花が枯れ出した。当然、トマトの着果も肥大・品質も、極端に悪くなった。

シルバーリーフコナジラミは三月にかけてマスクしないと作業できないほどに湧くので、これから黄化葉巻病の被害がさらに大きくなることが予想され、もはやトマトを抜くしかないとあきらめかけた。ところが、そのトマトが、二月末に「水管理と湿度管理をベースにした施肥」すなわち「水–湿度–肥料」一体の施肥という意外な手を打ったところ、一ヶ月で葉も花房も果実も元気になり、見事によみがえった（写真2–1）。

「水–湿度–肥料」トリオの改善策

ここで打たれた「水–湿度–肥料」のトリオ連携の改善策とは、次のとおりだ。

①積極的かん水

火山灰土で乾きやすい土壌のところへ、「トマトは乾燥気味で栽培する」という常識から、土は水不足状態で、チッソや石灰などの養分が吸えない状

写真2–1　黄化葉巻病にかかっていたトマトの下葉

態だった。そこにトマトの発根条件に必要な水分（二四％気相率）にあわせる積極的なかん水をし、水分保持に有効な堆肥マルチを施した。

②日中湿度の確保

土の乾燥と同時に、室内空気も乾燥状態が続き、シルバーリーフコナジラミなど害虫が発生しやすく、チッソや石灰の肥効が出にくい環境だった。それを、①の水管理と、ハウスの換気管理の変更、カンレイシャによる遮光を組み合わせて、日中湿度六〇％確保を目標に管理した。

③養分バランスのとれた施肥

従来の三要素（チッソ・リン酸・カリ）追肥のほかに、とくにチッソと同時に効かせるために、石灰を追肥した。これらは堆肥マルチの上に施し、最適水分条件下で確実に吸収させる方法をとった。

一ヶ月で、葉・花・果実が大変化

以上の対策で、トマトは大きく変化した。黄化葉巻病が蔓延した二月末には、葉は萎縮し小型化して力がなくなっていたが、この改善後に出た葉は、写真2―2のように次第に元気になり、三～四枚上のものは、形も大きさも正常な状態に戻った。花は、萎縮がひどかった葉の近くでは枯れてなくなっていたが、上段の花房は着花が安定してきた。また、果実の丈はガクの長さの三倍に伸びるが、そのガクが上段の花房では長く、緑あざやかになってきた（写

写真2−2　葉と花房の変化。上段花房（写真では左）にいくほど元気に

真2－3左）。

果実の断面をみると、黄化葉巻病に負けていたときの果実は、写真2－4右のように、部屋（子室）の形が乱れて空洞があった。これに対して、元気回復した上段に成ったものは子室が多くきれいに並び、子室内には種子がたくさんでき、ゼリーがいっぱいに満ちて、形よく肥大している。

写真2-3　上段の花房ではガクが長く、緑あざやかになってきた（左）

写真2-4　上段の果実は子室がきれいにならび充実肥大（左）

写真2–5　連棟ハウスの谷部のトマトは元気がよい

2 「水–湿度」でつくる チッソ肥効のベース

湿気の溜まるところに、害虫も病気もナシ!?

なぜ、「水–湿度–肥料」トリオの改善で効果が上がるのか。まず、水と湿度の働きの大きさである。

写真2–5を見ていただきたい。このハウスは、二月末に施肥改善の手を打たずにおいた「対照区」のハウスで、写真は四月初めの状態である。手前には黄化葉巻病にひどくやられて、葉が縮れてまったく元気のないトマトがあるが、そのすぐ奥に見えるトマトは元気で、生長点がよく伸び、花が多く着いている。じつは、この位置は連棟ハウスの谷部にあたり、露が流れてきて落ち、土に水が溜まりやすく、株の周りには湿気がある。水が適正にあるところのトマトは、黄化葉巻病に負けないのだ。

また、この病気を媒介するシルバーリーフコナジラミをよく観察していると、雨降りで湿度の高い日は、ハウス内にいることはいても、ワッと舞い上がらず葉の上でじっとしている。害虫は高湿度に弱い。連棟ハウスの谷部は、株が元気でよく繁るため、光線が遮られて湿気が溜まりやすいので、コナジラミも好まない。

水が十分あり、空気も乾き過ぎないところは、コナジラミも寄り付かず、黄化葉巻病に強いといえる。

写真2-6　黄化葉巻病にかかったトマトの葉。原因は石灰欠乏

水不足と低湿度による石灰欠乏が病気の誘因に

次に注目していただきたいのが、写真2-6である。黄化葉巻病にかかったトマトの葉だが、このように縁が上向きにそり、葉が小さくなるのは石灰（カルシウム）の欠乏による。石灰欠乏が黄化葉巻病を助長しているのである。しかし調べてみると、土壌中に石灰がないのではない。石灰が吸収・利用されていないのである。その原因の第一が水不足であり、これには低湿度が大きく関係している。

「キュウリには水を十分やるが、ト

写真2-7　乾燥したハウス土壌（A）に堆肥マルチを施用（B）

マトは水をやりすぎると品質を落とすから、やらない」ことが野菜づくりの常識になっている。ここのトマトもその常識どおりに栽培されてきた。その結果、火山灰のハウス土壌はからからの状態が続いてきた。

土にたっぷりとかん水、堆肥マルチで保水

以上から、課題がはっきりする。つまり、チッソとともに石灰をよく吸収・利用させ、「チッソ－石灰のコンビネーション肥効」を高める施肥に変えることである。そのベースとして、水を適正に与えることと、トマトにとって好ましい湿度管理をすること、そのうえで追肥にチッソ（やリン酸・カリ）とともに石灰を施すことである。具体的には、前述の改善策のところで紹介したとおりだが、水については、概略次のようにした。

まず土を採って、三相分布を調べ、根がもっとも元気に活動し、養分吸収できる状態である「気相率二四％」を目標に、積極的なかん水を実施。これまで、ほとんど意識的にかん水しなかったのに対し、計算にもとづいて必要な水量を週一回のペースでかん水した（気相率について詳しくは3章を参照）。

さらに、この地域は火山灰土で、とくに乾きやすいので、与えた水を長持ちさせたい。そこで、この時期にもっとも根が伸びているうね肩から通路にかけて、完熟堆肥を表土にマルチした（写真2－7A、B）。堆肥がスポンジ役をしてじわじわと土に水を供給して、理想的な土の状態を持続するのがねらいである。追肥はこの堆肥マルチの上に施す。

「日中蒸し込み」の湿度管理、カンレイシャも有効

ビニールハウスの湿度は、春の晴れた日中は四〇％以下、ハウスの種類によっては二〇％という極乾燥状態になる。トマトの樹の生長と果実の肥大にとって、もっとも適した湿度は六〇％前後である（開花に適した湿度はこれより低く、四〇～五〇％）。そこで、日中湿度六〇％を目標に、換気管理を行なった（写真2－8）。

春の時期だと、夜温は最低一五℃で管理されており、湿度は明け方には一〇〇％近くまで上がる。そこで、朝いったん開けて湿度を下げる。これをしないと灰色かび病などの病気が出る。カビや細菌による病気は高湿度で出やすいものが多いからだ。

朝、換気するとすぐに湿度が四〇％

台まで落ちてくるから、長くは開放せずに閉めて、自動換気装置を気温二五℃に設定し、それ以上に上がったら自動換気装置が働いて温度が下がる。

写真2−8　日中湿度の確保

これで午前中は湿度六〇％前後が維持され、午後には五〇％を切るくらいまで下がり、夕方には気温二〇℃くらいまで下がって湿度が六〇％に戻り、夜は一五℃で湿度がズーッと上がっていくというパターンができる。

このような湿度管理をしやすくするために、太陽光線の強い三月からは七〇％遮光のカンレイシャをかけること、通路のビニールマルチをはずし土から湿気が上がるようにすること、などの手を打っている。

チッソには必ず石灰をいっしょに

以上の水管理・湿度管理を基本に、追肥の改善を行なった。

追肥はふつうチッソ単独か、チッソ・リン酸・カリの三要素を施すのが一般的だが、収穫がすすむ時期には石灰追肥がとくに重要である。石灰欠乏が黄化葉巻病を助長していることへの対応策でもあるが、もっと基本的に、石灰は葉を伸ばし丈夫にする作用、ガクを大きく育て果実の細胞数を増やして、肥大のもとをつくる作用、うま味を乗せる作用などがあり、チッソと同時に石灰が必ず効いていなければ、高品質・多収・減農薬生産はできないからだ。

そこで、チッソの追肥量に見合う石灰を同時に追肥した。もちろん、リン酸や苦土、カリなどほかの養分とのバランスをとりながらである（養分バランスのとれた施肥について、詳しくは5章で述べる）。チッソや石灰の追肥は、堆肥マルチの上に施して、元気な根が活発に吸収できるようにした。

3 技術のしくみとキーワード

作物と肥料と環境を総合管理

以上で明らかなように、「水－湿度－肥料」一体の施肥は、作物と肥料と地上・地下環境とを一体としてとらえ、総合的に管理していく技術である（図2－1）。

そのためには、水と肥料と作物の関係、湿度と肥料と作物の関係、チッソと石灰と水の関係など、技術要素の相互関係＝「コンビネーション（連携）効果」に注目して、最大の効果を上げるように管理することが重要になる。そして、コンビネーション効果を引き出すうえで、大切なキーワード＝用語がいくつかある。たとえば**塩基飽和度**や**pH**、**ＥＣ**、**ＣＥＣ**などだが、これら用語は、これまでも土・肥料の分野でよく使われてきている。しかし、必ずしも生きた知識となっていなかった。そこで本書では、これら用語を、ただ言葉の理解のためだけの解説ではなく実践の中で具体的に使えるよう、もっともわかりやすい場所で解説している。

また、本書では、土壌分析・診断の数値も使いながら、施肥技術を組み立てている。土壌分析・診断は、農業改良普及センターやＪＡで実施しているので、これらも武器として使いこなしていきたい。そこで、土壌分析・診断の数値にかかわる基本的な指標や用語についても、各章の実践的な解説のなかで説明してみた。それぞれのところで具体的、実用的に理解してほしい。

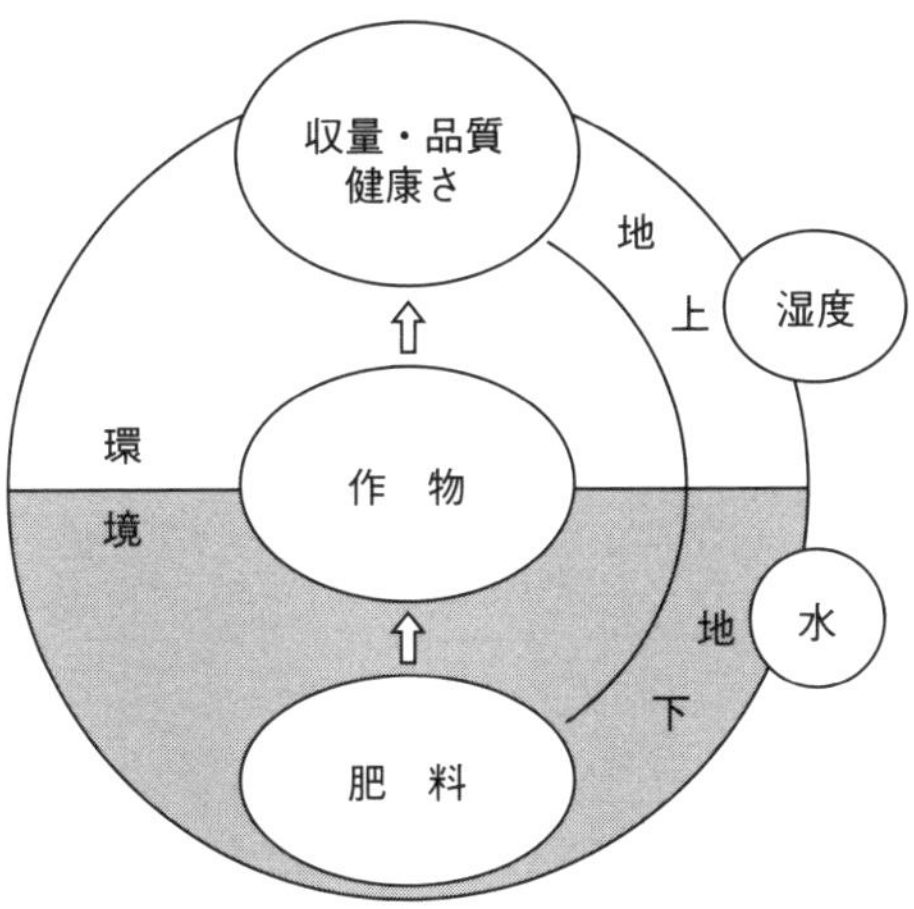

図2-1　作物と地上・地下環境と肥効を総合的に管理する

説明している。

コンビネーション効果を高めるには——キーワード索引

コンビネーション効果は、複数の要素間の「表と裏の相互関係」を上手に管理することによって、引き出すことができる。

たとえば、水管理を考える場合、土壌中の「水」の裏には「空気」があり、水と空気の関係が肥料の動きや根の吸収力を左右する。両者のよりよい関係をつくるうえで有効な指標が、「気相率」と「比重」である。気相率と比重を、生きた知識として管理技術に取り入れることが大切である。

本書のキーワードや土壌分析指標の解説は、このようなさまざまな相互関係が理解でき、栽培に活かせるように、次ページの図2-2に示す各ページで

●土中の水のうらに空気がある

気相率とは 35
三相分布 35
土の比重とは 39
土の比重とリン酸吸収 39
耕うん・鎮圧 46

●気相率のうらに湿度がある

湿度と気相率 61
堆肥マルチ 55, 70

●湿度のうらに温度・光がある

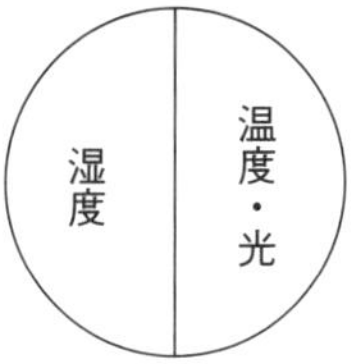

湿度とは 61
温度と湿度 63
日射と湿度 68

●ECのうらにCECがある

CECとは 82
ECとは 81
塩基飽和度とは 83

●塩基飽和度のうらにpHがある

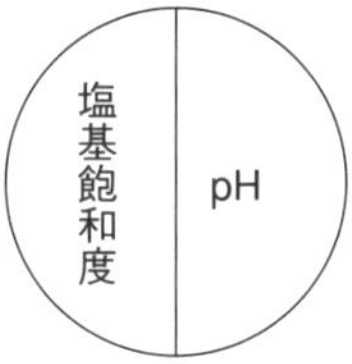

pHとは 84
石灰と水素 86
堆肥マルチ 86

●チッソのうらに石灰がある

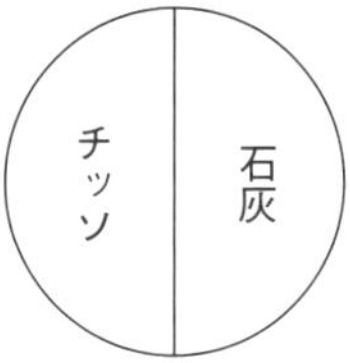

チッソの働き 88
石灰の働き 88
チッソと石灰のコンビネーション肥効 87
チッソ施用量と石灰施用量 89

●施肥量のうらに塩基飽和度と塩基バランスがある

石灰・苦土・カリの働き 93
養分不足の現われ方 93
塩基バランスとは 96
養分の相乗効果と拮抗作用 101
リン酸と苦土のコンビネーション 99
石灰とカリのコンビネーション 100
チッソと塩基・リン酸とのバランス 101
汁液濃度（糖度）による診断 101

図2-2　コンビネーション効果を高めるキーワード
（各項目右の数字は解説ページを示す）

3章

肥効を高める水管理のし方

昔から、「水やり三年」といわれ、水管理は名人芸の代表で、だれでも上手にできるものではないと考えられてきた。それには理由があり、たんに「水」とか「土壌水分」ととらえていたのでは、個人による大きな差がつく名人芸の域にとどまる。ところが、水のとらえ方を変えて、「気相率」としてとらえることで、より多くの人にとって、水が肥料を上手に効かす強力な武器になるのである。

1 〈事例から〉水管理でかわったトマトの収量・品質

専業農家も高齢農家も、そろってレベルアップ

熊本県のあるＪＡでは、トマト、ミニトマト、イチゴなどで、生産者がそろって収量・品質をレベルアップする道が開けてきた。夏秋収穫のミニトマトの場合、八月も終わりになると、夏バテのために樹の先端が細くなり、花数が減り果実肥大も悪くなって、収穫が上がらなくなっていた。肥料の吸収が悪くなって樹勢が低下し、アブラムシ類などの害虫が増えたためで、その原因は、肥料のやり方以前に、水分不足と乾燥（低湿度）であった。

それが、「水−湿度−肥料」一体の施肥に切り替え、トマトが求める積極的なかん水と湿度確保を行なうことで、樹の先端に力が出て夏バテがなくなった。その成果は着果・肥大のよしあしに見事に現われ、写真3−1のように、一果房あたりの収穫数が増加した。さらに、秋遅く十一月まで樹の活力が持続し、稼げる収穫期間を長くできるようになった。

ミニトマトを栽培する組合員には、専業タイプの人から、高齢農家までさまざまである。これまで収量は人によって三ｔから四ｔの間で差があったが、施肥改善によって、みんながそろって四・五ｔ採りができ、品質も向上すると

写真3-1　水管理をかえて一果房の収穫数が大きくかわったミニトマト（右が改善後）

いう見通しがもてるようになった。

春夏採りの大玉トマトでは、一果房あたりの着果数を制限しなくても、肥大がよくなった。その結果、栽培半ばの、四段目までで、従来の全期間の七段分の収量が上がってしまうほど、見事な生育になった（写真3－2）。

肥効をよくするかん水量が数字でわかる

これらは「水－湿度－肥料」一体管理の総合効果であるが、産地を担当する営農指導員は、それまでとかわったことの第一に、水管理をあげる。「かん水のタイミングや量が具体的な数字でわかり、できるようになった」ことである。従来、目分量と勘や経験で水をやって、効果が出ているのか、逆に根の環境を悪くしているのかハッキリしないままできたのを、きちんとした目標をもち、数字で量を決めてかん水できるようになった。

写真3-2　大玉トマトも肥大がぐんとよくなった

その管理のポイントが水管理を「気相率」で見ることである。具体的には、根が活動しているところの気相率を二四%にするためのかん水量を計算して、水を与えることである。たとえば、気相率三四%の土を、最適気相率の二四%確保するためには、一〇aあたり一〇tのかん水を行なう、という計算ができる。

2　「気相率」で土中の水と空気を管理する

気相率、三相分布とは

「気相」は、土の中の空気＝気体のことである。粘土や有機物など固体が「固相」、水が「液相」である（図3－1）。土の容積に気相の占める割合が気相率で、以下それぞれ、固相率、液

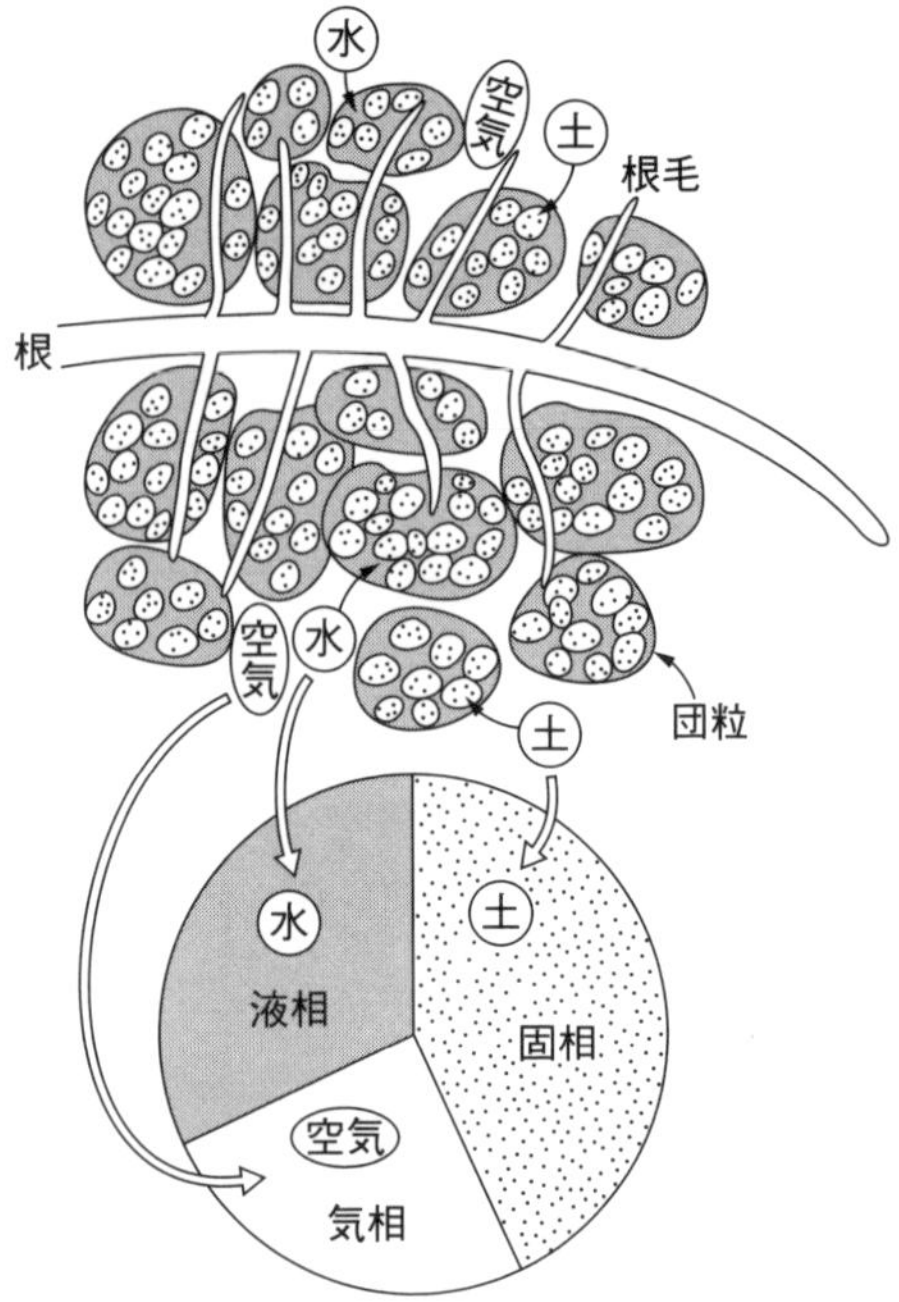

図3-1　土・水・空気と三相分布

相率といい、三者の割合が「三相分布」である。

「三相分布」はこれまでも、土壌の通気性や保水性など物理性のよしあしを判断するための重要な指標とされてきた。すなわち、固相四〇%、液相三〇%、気相三〇%の土が理想的な土壌とされる。このことは指導者はもちろん、多くの農家も知識として知っている。

ところが、実際の畑づくりや水管理に具体的にどのように活かすかは、明確でなかった。生きた知識になっていなかったのである。

それを、だれでも成功する水管理をできるようにするのが、「気相率」である。気相率によって、耕うん・整地・うねづくりも、堆肥施用も、タネ播き・植え付け後のかん水も、栽培中のかん水も行なうのである。

水の裏に空気がある
——「気相率」を重視する意味

肥料の効果を引き出すための水管理なのに、なぜ「液相率」でなく「気相率」を問題にするのか？　それは、土壌中の「水」の裏には「空気」があるからである。肥料で施されたチッソなどの養分は水（土壌溶液）に溶けて、作物の根に吸収される。だから水は欠かせない。一方、根の養分吸収活動には空気（酸素）が不可欠である。水と空気のバランスのとれた状態をつくり出すのに、気相率で見ていくほうが、管理しやすいのである。

図3－2のように、土壌中の水（液相）と空気（気相）は、一方が多くなれば他方が少なくなる、という関係に

ある。

気相率が高いということは、乾いた状態で、酸素供給はよいが、高すぎると水不足をおこす。そして、ここで重要なことは、水不足で萎れる危険があるというだけでなく、チッソや石灰などの肥料養分が土壌中にあっても、乾燥で水に溶け出しにくいために吸えないことである。本章冒頭で紹介したミニトマトの夏バテ・成り疲れはここに原因があった。また2章で紹介したトマトの事例では、水不足のために石灰吸収が妨げられて、黄化葉巻病が発生しやすくなり、収量も品質も低下した。

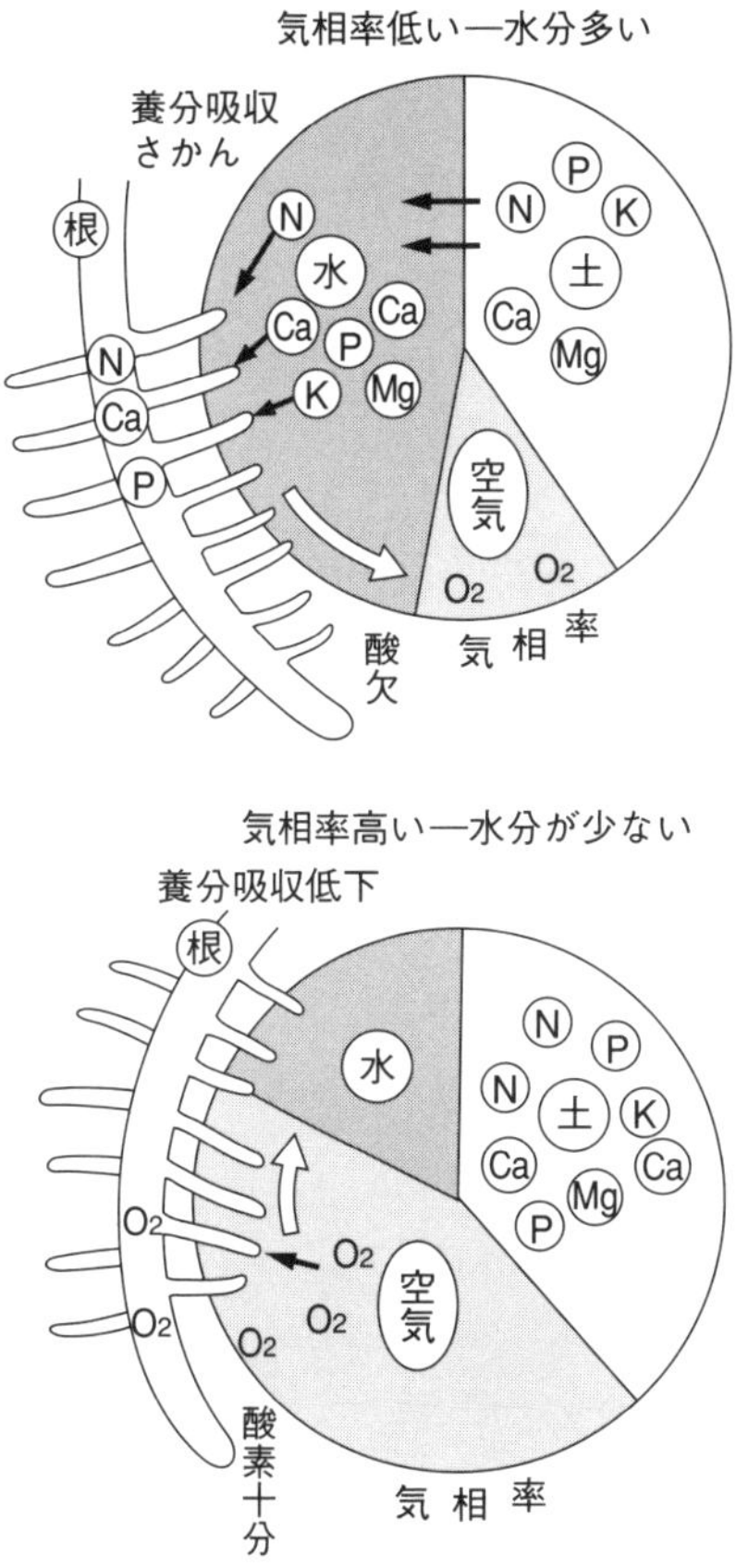

図3-2　気相率によって養分の動きと根の活力がかわる

はなはだしい場合には土壌中の水の肥料濃度が凝縮されて、根に濃度障害をおこす。

気相率が低いということは、湿った状態で、水が豊富なため養分吸収が盛んで、よく生長して、収量も上がる。しかし、気相率が低すぎると、土中が酸素不足になって根の活力低下を招き、養分をバランスよく吸収できなくなる。チッソだけが優先的に吸収されて、軟弱に育って病気にかかりやすく、品質も低下しやすい。灰色かび病やべと病、炭そ病など、カビ・細菌病が蔓延するのは、低気相率で湿気の多い圃場だ。

気相率二四%を中心に、一六%と三〇%の間で管理

このように、裏表の関係にある「水」と「空気」のバランスが、養分吸収を

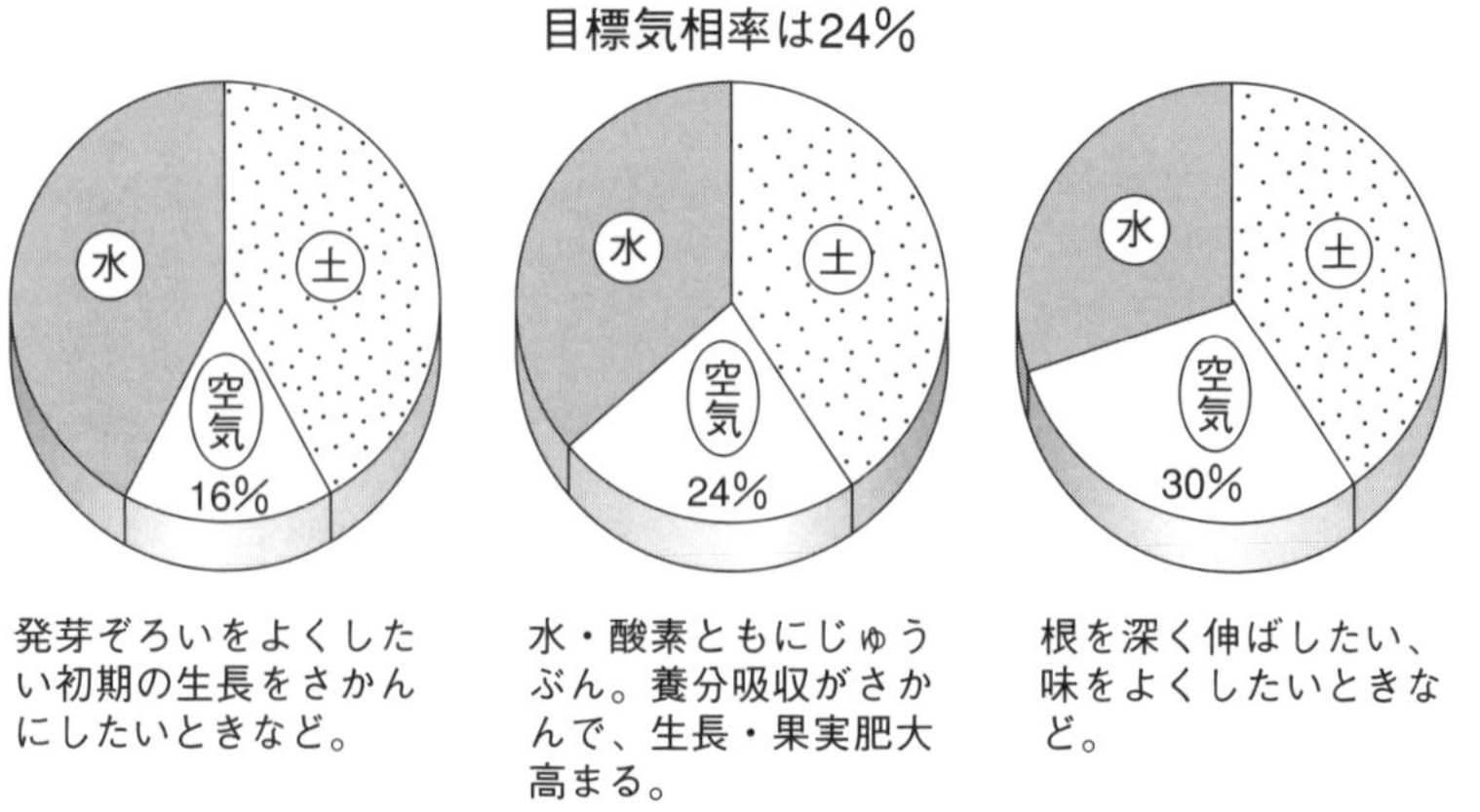

発芽ぞろいをよくしたい初期の生長をさかんにしたいときなど。
水・酸素ともにじゅうぶん。養分吸収がさかんで、生長・果実肥大高まる。
根を深く伸ばしたい、味をよくしたいときなど。

図3-3　気相率24%が最適、16～30%で管理

左右して、生長、収量、品質、体の健康に強く影響している。それを上手にコントロールしていくための基本となる目標値が、「気相率二四%」である。この条件だと、図3-3のように土壌中の養分がバランスよく水に溶け出して吸収しやすく、酸素も十分に供給されて、根の活動も活発になる。かん水によって気相率二四%の状態を、そのとき根が伸び活動しているところにつくっていくことが大事である。

実際には、気相率二四%を基準に、もっと水が必要な作物の種類や生育ステージ（発育期、生長前期など）では下げて、気相率一六%にする。もっと乾き気味がいい作物や生育ステージでは、気相率三〇%で管理する。目安は次のようである。

①気相率二四%　十分な水があるため、チッソなどの養分吸収が盛んで、葉など体のボリュームが大きく育ち、果実の肥大がよくなる。かん水を多くするとトマトなどの品質が低下することが敬遠されるが、二四%の気相が確保されると、タップリかん水しても、糖度など品質が落ちることがない。

②気相率一六%　タネ播きから発芽し本葉の展開するころまでの時期や、キュウリやナスなど水を好む野菜で、生長を盛んにし、収量を増やそうというときは、気相率一六%を目安に管理する。逆に言えば、かん水を積極的にたっぷりとする場合でも、気相率を最低一六%確保しなければならない。でないと、根の酸素不足による活力低下を招く。

③気相率三〇％　長期栽培に備えて根を深く伸ばしたいときや、収穫期前にチッソを切って味をよくしたいというときに乾燥気味の管理をするが、そのときの気相率ラインが三〇％である。ふつう水を切ると気相率が五〇％にも六〇％にも高まって養分吸収の低下や濃度障害が出るが、そうせずに気相は三〇％を維持し、高くても四〇％までとする。

3 「気相率」とともに「比重」も見る

発芽、根の伸び、養分吸収に土の比重が関与

これまで見たように、気相率二四％が、肥効を高める水管理の第一の目標であるが、もう一つ重要なのが土の「比重」である。「比重」は、作物の発芽や根の伸びやすさ、養分吸収のしやすさ、最適な気相率（空気と水）の状態の持続性、などに大きく影響する。土づくりで、堆肥の施用によって土壌改善していく際の指標になるのが土の「比重」である。上手な水管理にとって、気相率と比重が車の両輪である。

比重（容積重）は、重量を容積で割った値（g／mℓ、kg／ℓ）である。作物の根がもっともよく伸びて、活発に養分吸収できる土壌は、比重が一・〇前後のものである（図3－4）。

粘土質土壌は比重が一・三などと重く、火山灰土は比重が〇・七というように軽い。重く締まった土では根は元気に伸びられず、とくに土の孔隙《こうげき》に分け入って養分をバランスよく吸収する細根や根毛が発達しない。一方、軽くフカフカの土では、太い力強い根が発達せず、大地にしっかり根を下ろした生育にならないし、発芽が順調に進まない。

リン酸吸収の悪い土は比重が軽い

わが国では、火山灰土など、リン酸を吸着して作物に吸われにくくしているリン酸吸収係数の高い土が問題になってきた。これは、比重が小さい土で、気相率が高く乾きやすいために、リン酸が溶け出してこないのである。

このような場合、土に十分に保水させ、鎮圧（46ページ参照）を加えて気相を減らしてやれば、作物のリン酸吸

収はよくなる。比重一・〇を目標により積極的に気相率を高めていくには、比重の重い粘土質の山土や土壌改良粘土資材のゼオライト（クリノプチロゼオライト）を堆肥とともに施す。

目標は、「比重一・〇」

団粒構造がよく発達した土では、発芽が順調で、太根も細根・根毛もそろって元気に伸びて、バランスのとれた養分吸収ができる。その比重は〇・九七である。したがって、比重〇・九七～一・〇六あたりが理想的な範囲とみてよい。

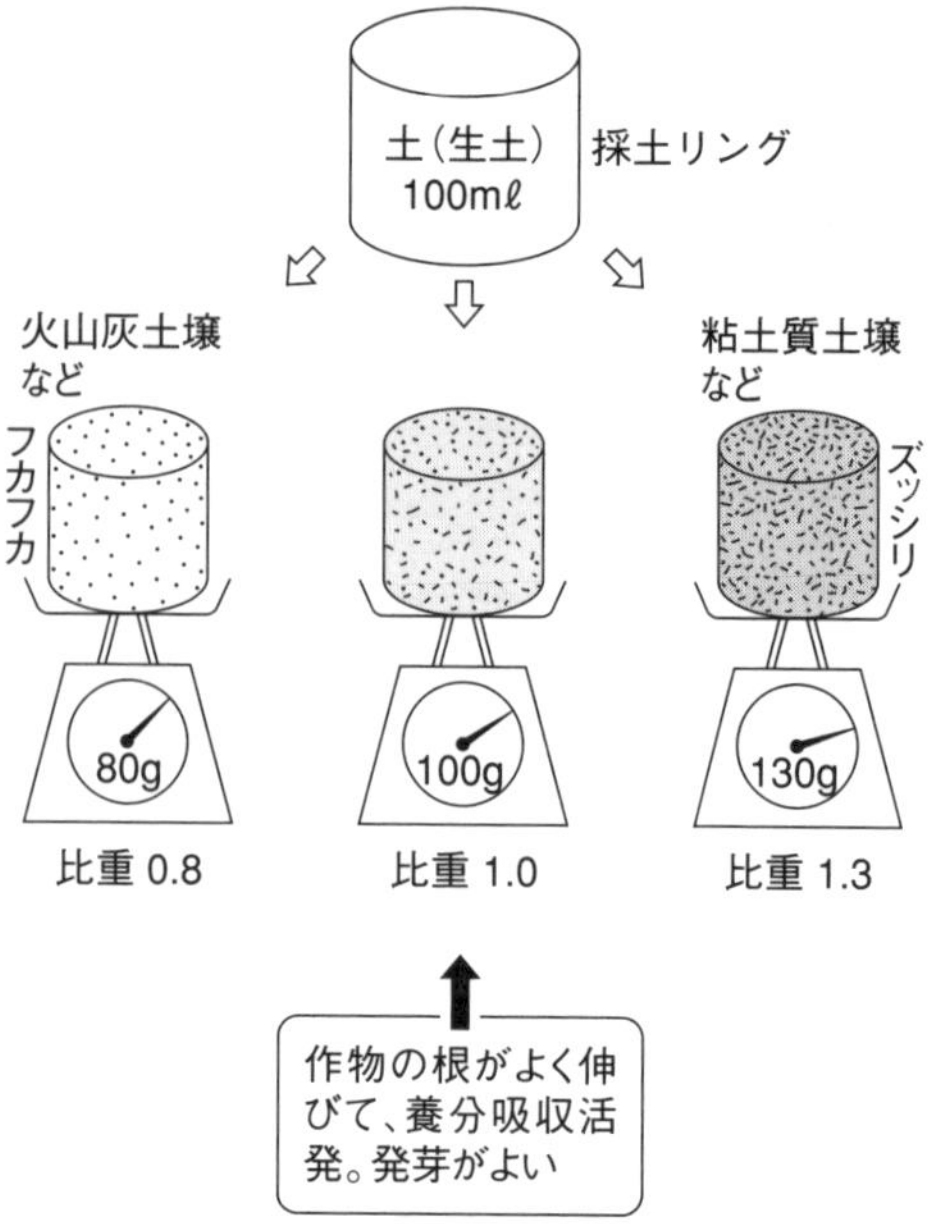

図3-4　土の比重1.0が最適

以上から、「気相率二四%、比重一・〇の土」が、土壌管理・水管理の基本目標となる。

そこで、タネ播き・植え付け前から栽培期間中にかけて、自分の圃場の気相率と比重の二つを数字でつかんで、管理の手を打っていくようにしたい。

> 比重には、①容積重（固体・液体・気体込み）、②仮比重（液体＝水を除く）、③真比重（個体のみ）の三つがある。本書で水分管理するさいの比重は、ほとんど「容積重」を使っている。ただし、容積重は正しくは、「圃場容水量」のとき（潅水後重力水＝気相の水が流れ去ったとき）の比重で示される。
>
> 本書の比重一・〇にあわせる堆肥施用量の計算で、潅水後の比重一・二というように示す場合は、潅水直後の重力水が流失する前の比重。
>
> 堆肥のもつ液相（小さな孔隙）の補給により、この重力水部分を保水させて、目標気相率一六%なり二四%を維持できるようにするのが、比重を一・〇にあわせる堆肥施用のねらいである。

4　気相率と比重の測定のし方

土を採取して、計算して求める

気相率（三相分布）と比重は、土壌分析では必ず測定されるので、診断実績があれば、それを活用する。自分でも写真3－3①～⑨、および図3－5のようにして測定・計算できるので、自分や地域の仲間で測れるようにして、土づくりと日常作業に活かしていきたい。面倒なようではあるが、なれれば手早くできる。筆者が指導・協力しているJAや農家グループなどでは、土を一〇〇㎖採取する採土リングと、フライパン、卓上ガスコンロを用意しておき、次作の堆肥施用・施肥前、耕うん・鎮圧後、タネ播き・植え付け前、追肥を効かせたいタイミングなどに測定し、数字によって堆肥施用やかん水を判断する人が増えてきた。採土リングを土に押し込む器具には、一本棒で押し込むタイプと十字型でねじるように押すタイプがある（写真3－3の①と③）。

三相分布を調べる位置は、表層と、作物の根がもっともたくさん伸びて盛んに活動する部位、たとえば深さ二〇㎝のところである（写真3－3の②と⑨）。この二ヶ所を測ることによって、気相率のタテ分布を見ることができ、圃場の水はけのよさ、地下水の高さなどが判断できる。

採取した一〇〇㎖の土は、まず「生土」の重さを測り、比重を計算する。

$$\text{比重（容積重）} = \frac{\text{生土の重さ(g)}}{100(\text{m}\ell)}$$

次に土をフライパンで熱して水を飛ばした「乾土」の重さを測り、図3－5のような手順で、三相分布を計算する。

土を握って割れ方から判断

測定のとき、採取した土を握ってみて、土の固まり具合と気相率との関係を、手の触感で覚えておくと、きわめて効果的だ。握って、気相率二四％。一六％。三〇％を見分ける目安は次のようだ（図3－6）。

①気相率二四％の土　手のひらで握ると固まりができ、親指で押すとポン

写真3-3　土を採種して比重と気相率を調べる

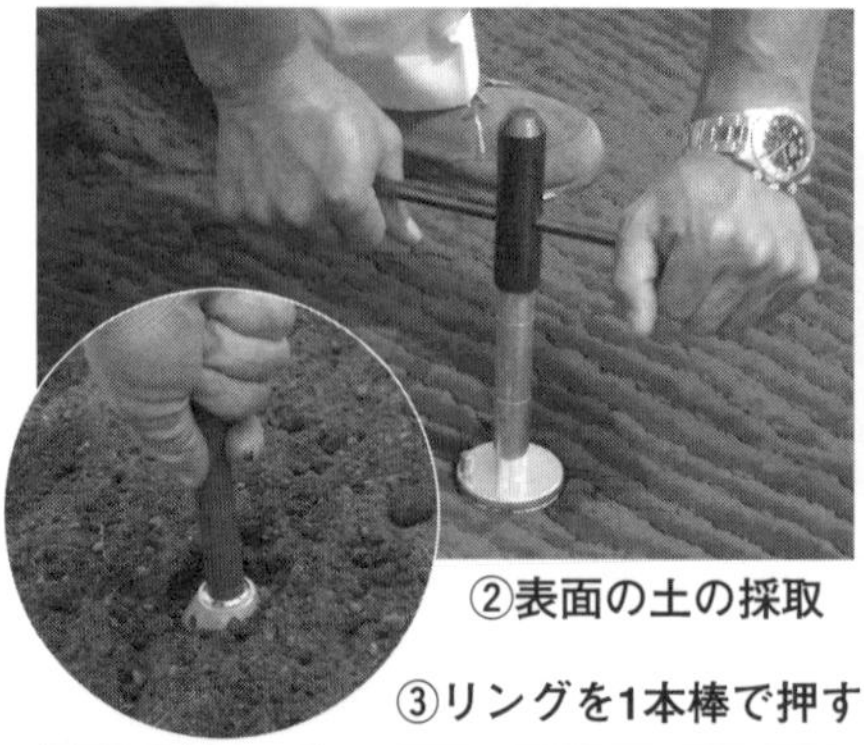

②表面の土の採取

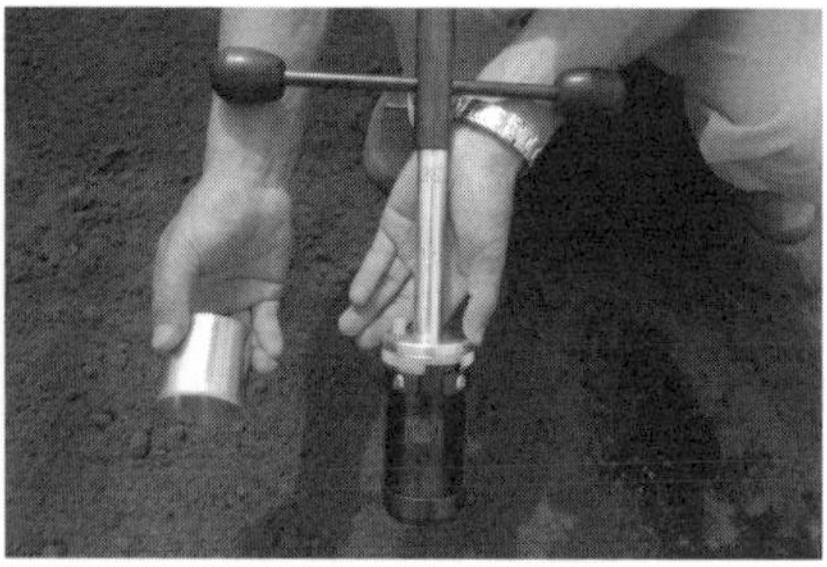

①採土リングと十字型の採取器具

③リングを1本棒で押すタイプ

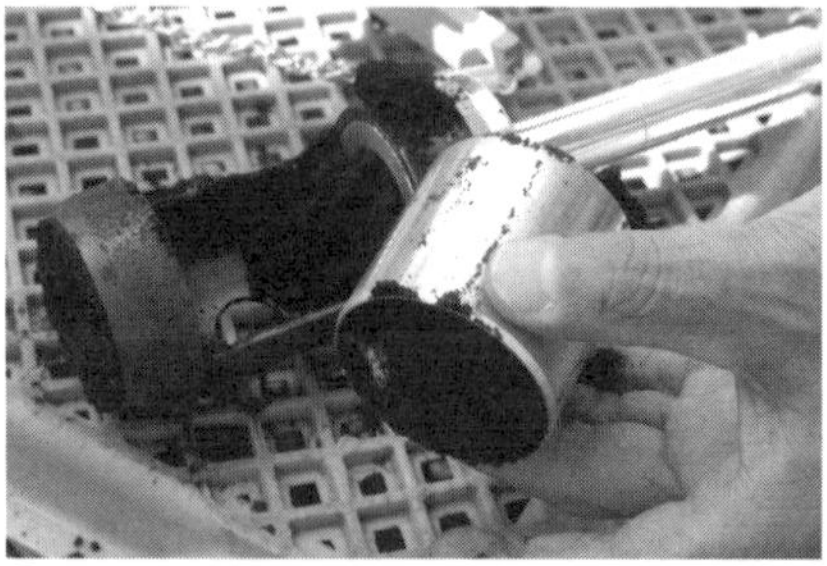

⑤100mℓ 採取された

④採取リングの上下の土を落とす

⑦加熱して水分を飛ばす

⑥生土100mℓ の重さを測る

⑨根の張る深さの土を採取

⑧乾土の重さを測る

と崩れる。
②気相率三〇%の土　手のひらで握ると固まりができるが、手を開くと崩れる。
③気相率一六%の土　手のひらで強く握ると指の間から水が染み出る。固まりを指で押すとへこむようになって二つ、三つに分かれる。

握ってもサラサラして固まりにならないのは、気相率四〇%以上で乾きすぎの状態、握るとベッタリ、ヌルヌルしているのは気相率が一〇%以下の過湿状態、また、土を親指で圧迫して、耳たぶの硬さと弾力のあるのが比重

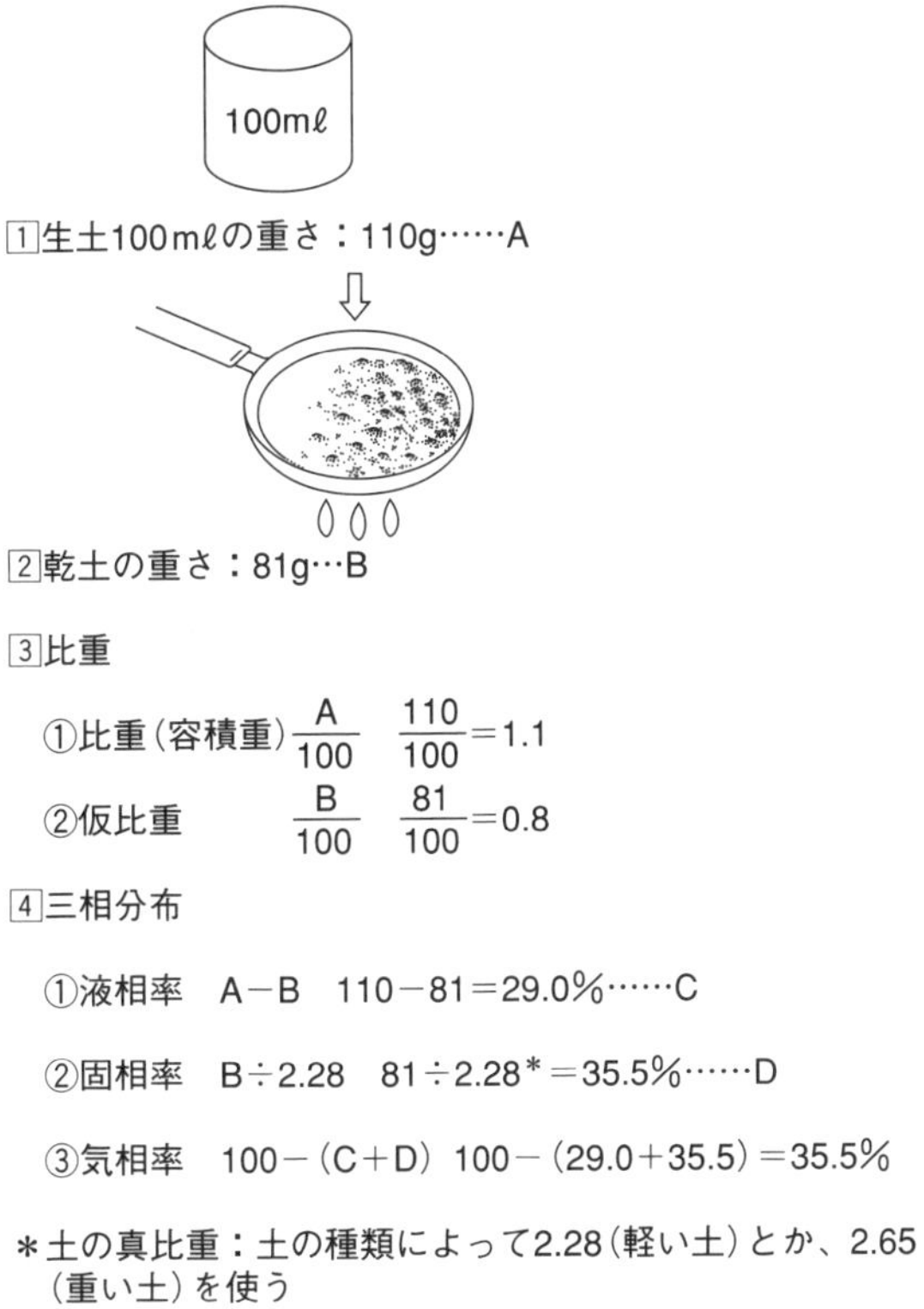

図3-5　土の三相分布と比重の計算

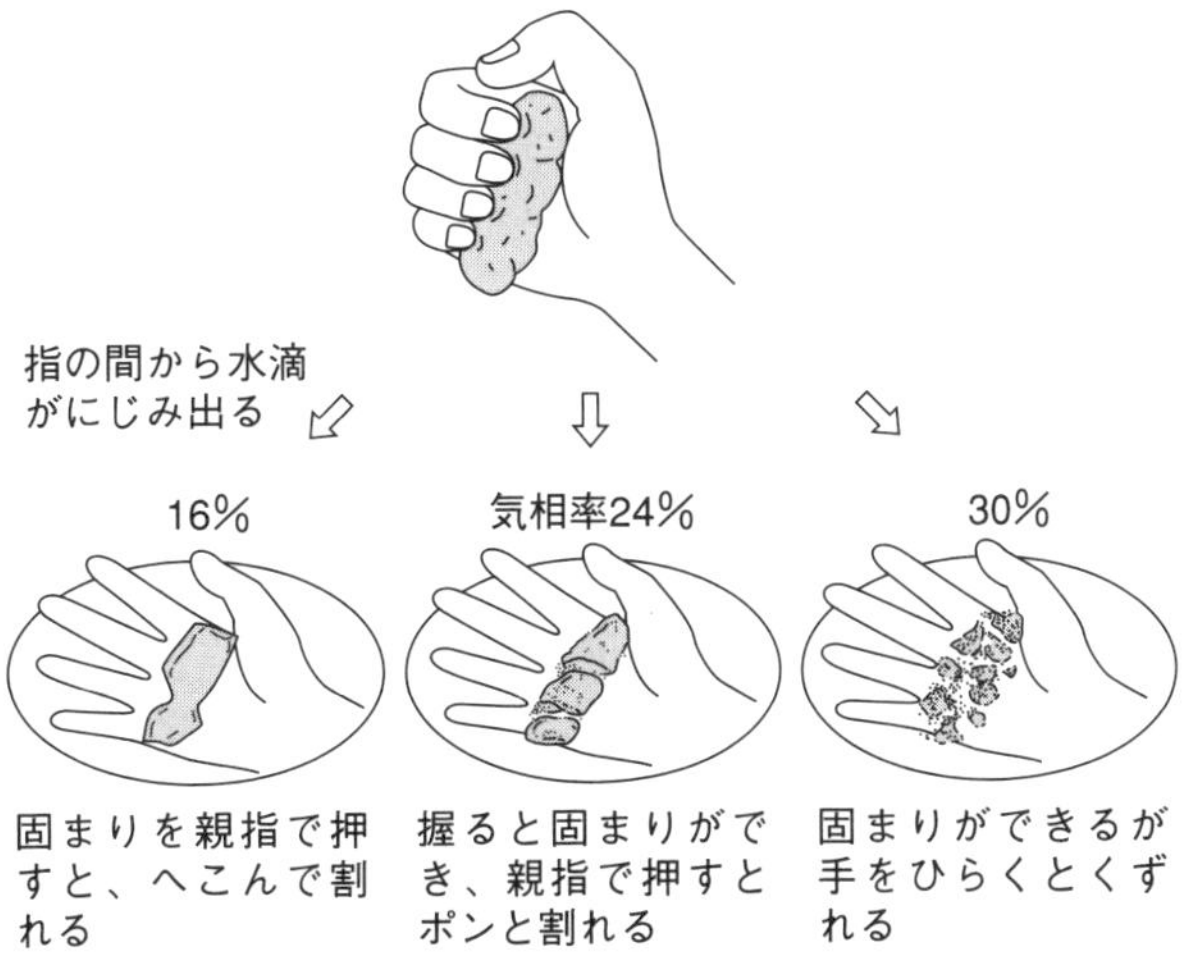

図3-6　土を握って気相率を測る

一・〇、気相率二四％近辺の土、スポッと五cmも楽に入るのは比重〇・八と軽く、気相率が高すぎる土、硬くしまって力をこめると指先が痛く、入りにくいのは比重一・三と重く気相率が低すぎる土である（写真3－4の①は、軽くスポッと入る土、②は耳たぶの弾力の土）。

以上から、「①握ると固まり、開いて押すとポン、②耳たぶの硬さと弾力」を目標に管理する。

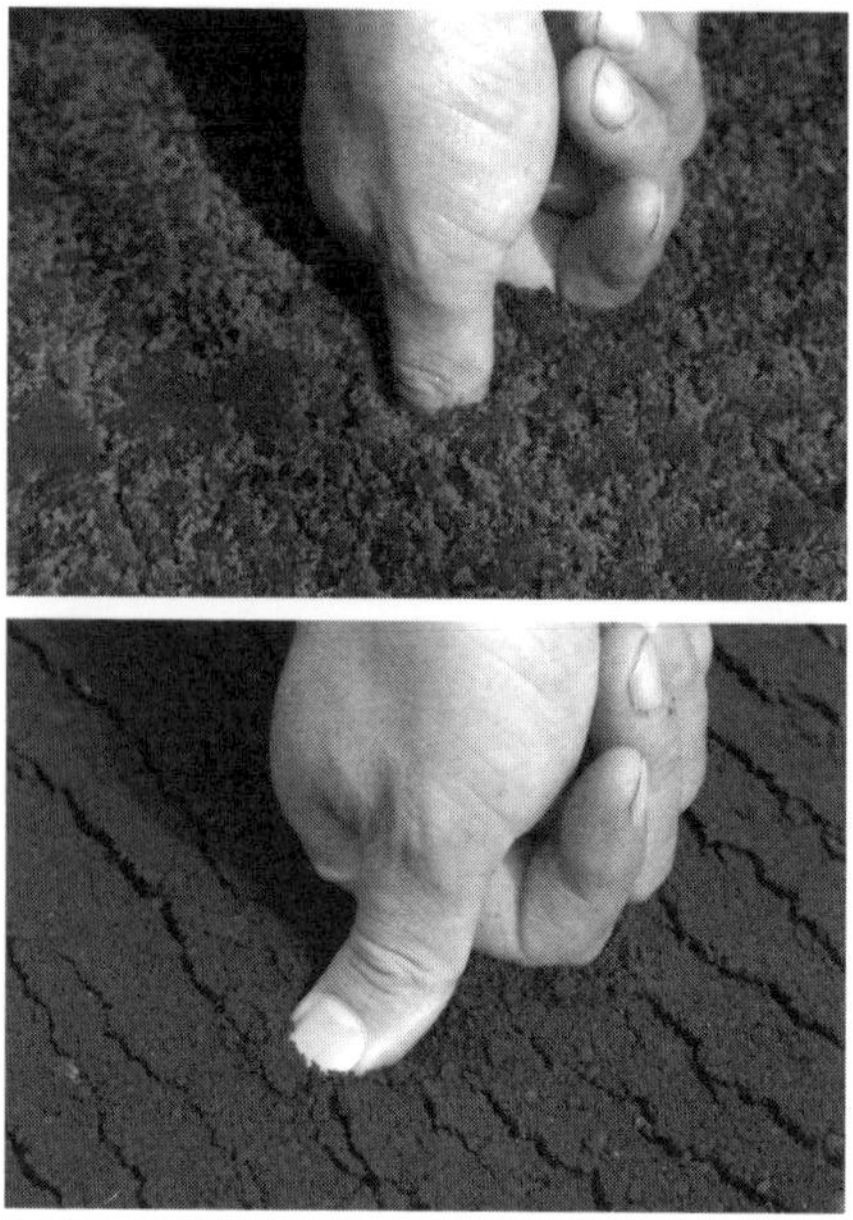

写真3-4①指先がスポッと入る軽い土
②耳たぶの弾力のある土

土壌表面のカビの色で気相率を知る

また、気相率の高低（水分の不足・過剰）は、土の表面のカビにも現われるので、観察を心がけることも大切だ。カビの色によって、次のように判断できる。

①赤いカビが出ている　乾きすぎ、気相率四〇％以上
②白っぽいカビ　適度、気相率二〇～三〇％
③青いカビが出ている　湿りすぎ、気相率一〇％台

写真3－5はイチゴハウスの例であるが、一つのハウス内でも、生育・着果のいいところと悪いところがあり、カビは、乾燥型の赤から（①）、過湿型の青（③）まで見られた。赤カビのところは生育不良、青カビのところは花着きがきわめて悪い。このような不均一はかん水チューブの位置と水の飛び方を調整してかん水を平均化することで、かなり改善される。

一方、ハウス全体に青カビが見られたところでは、根の傷みがはなはだしく、炭そ病が広がって、植え替えが検討された（写真3－5の④）。気相率は八％という過湿状態であった。二週間の水切りという緊急処置で気相率を二四％に近づけることで、炭そ病が軽減され、栽培続行して収穫につなぐことができた。

写真3-5　土壌表面のカビの状態で水分状態がわかる

①乾燥で出る赤カビ

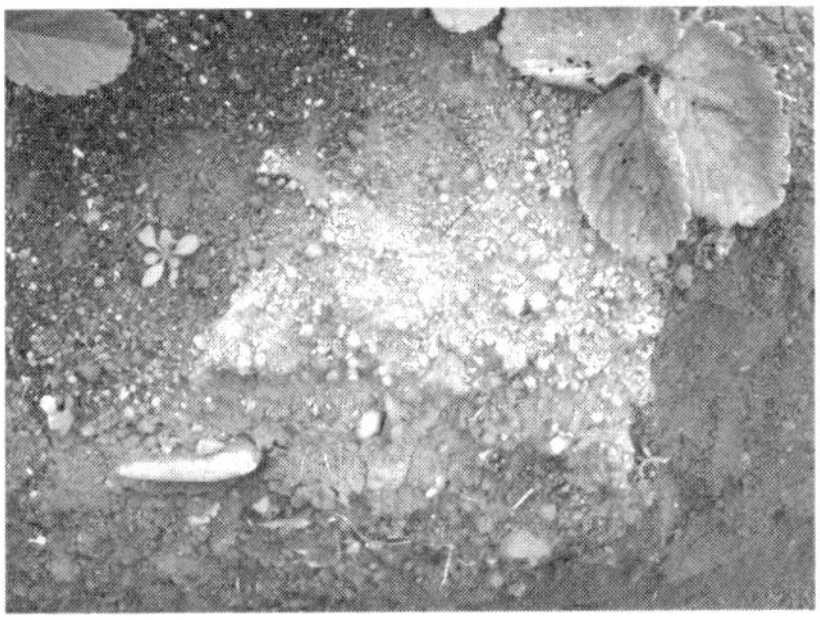

②適度な水分状態　白カビ

③過湿で出る青カビ

④青カビの出ているところにイチゴ炭そ病

5 耕うん・整地作業で、気相率・比重を改善

気相率と比重の改善にとって、堆肥施用やかん水管理が大事なのは当然だが、耕うん・整地・うね立てなど畑の準備作業で大きな効果を上げることができる。とくに、耕うん後の鎮圧作業の効果が大きい。一連の作業にともなう、気相率と比重の経過を見ながら、作業の進め方を説明してみよう。

耕うん後の鎮圧の効果

（図3－7　①②③）

図3－7と写真3－6は、鹿児島県大隅半島で小ネギの大規模生産をしている新規就農青年農業者グループの例である。火山灰の軽い土壌で、以前は、発芽ぞろいの不良、生長期の葉先焼けなどに苦労していたが、土の気相率と比重の改善を第一にした土壌管理・水管理によって、発芽と生育、収量・品質が安定してきた。

写真3－6に見るように、耕うん作業でフカフカした土は、表土の一〇〇mℓの重さが九〇gで、比重〇・九程度となっている。発芽には軽すぎる状態である。これに鎮圧作業を行なうと、土の面は約四cm下がり、一〇〇mℓの重さが一〇六g。比重（容積量）一・〇六の理想的な範囲に入ってくる。土を握ってみると、耕うんしただけだと固まりにならず、気相率四〇％近くあると判断できる。それが鎮圧後には、握ると固まりができ、さわるとすぐに崩れるので三〇％以内と判断できる。

このように、鎮圧によって比重が軽めの土は、耕うん後の鎮圧によって発芽と養分吸収に適した気相率・比重に近づけることができる。また、かん水した水が一気に流失せずに、ゆっくりと動きながら土全体に平均的に保持されやすい。鎮圧がないとそれが期待できないので、かん水量を増やす必要があり、多量かん水すると下層に水がたまり、酸欠状態を招く。表層は過乾燥、下層は過湿・酸欠という根に好ましくない環境になる。ここでぜひ、鎮圧を重要な水管理作業として位置づけ、実施したい。

比重が重い土の場合の改善のすすめ方

ただし、鎮圧は気相をつぶして固相率を高めるものであるから、重くて気

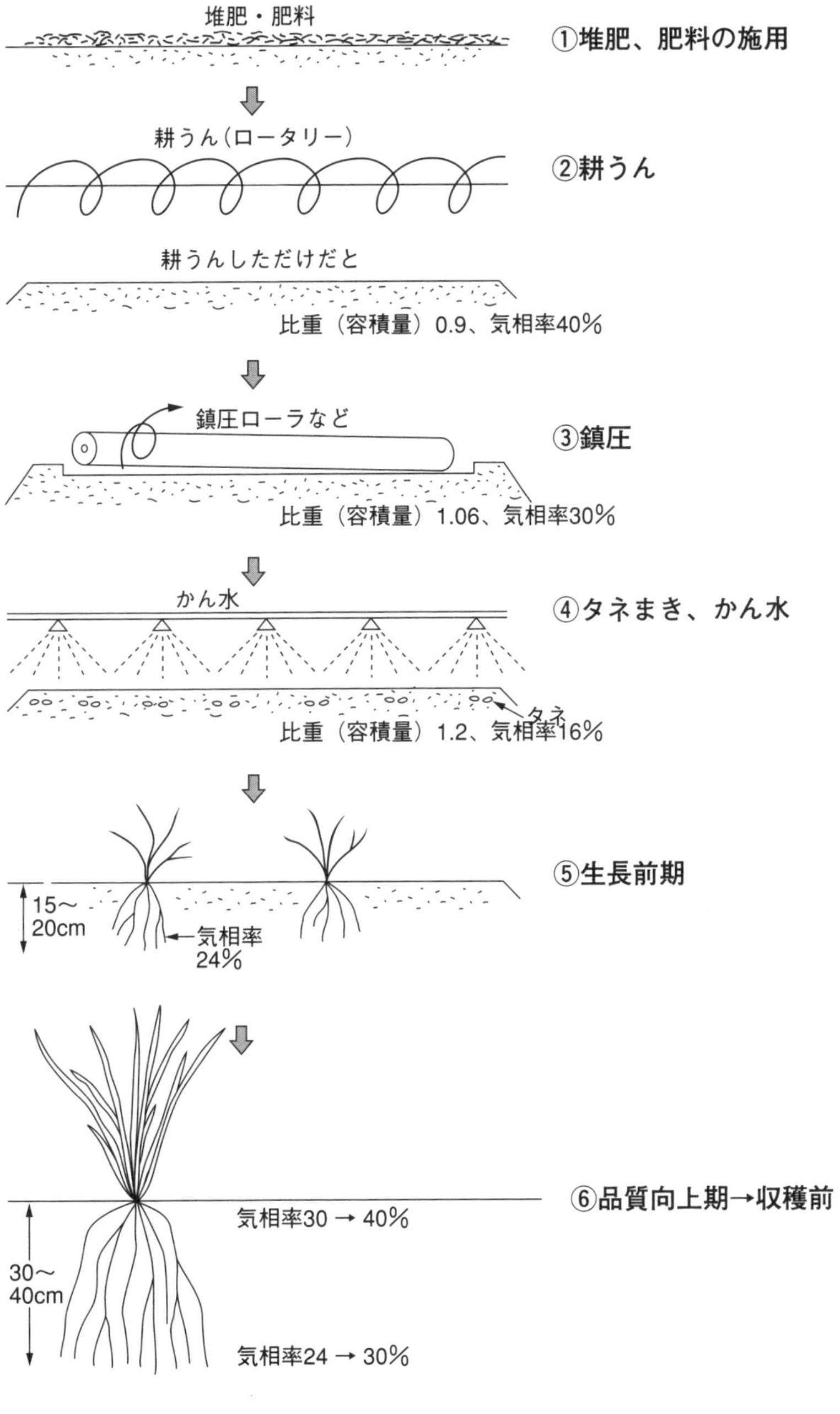

図3-7　耕うん・鎮圧から栽培の全期間を通じて気相率と比重を管理

写真3-6　鎮圧による気相率と比重の改善効果

①鎮圧作業、左は耕うんしただけ

②鎮圧で土が圧縮、4cm下がる

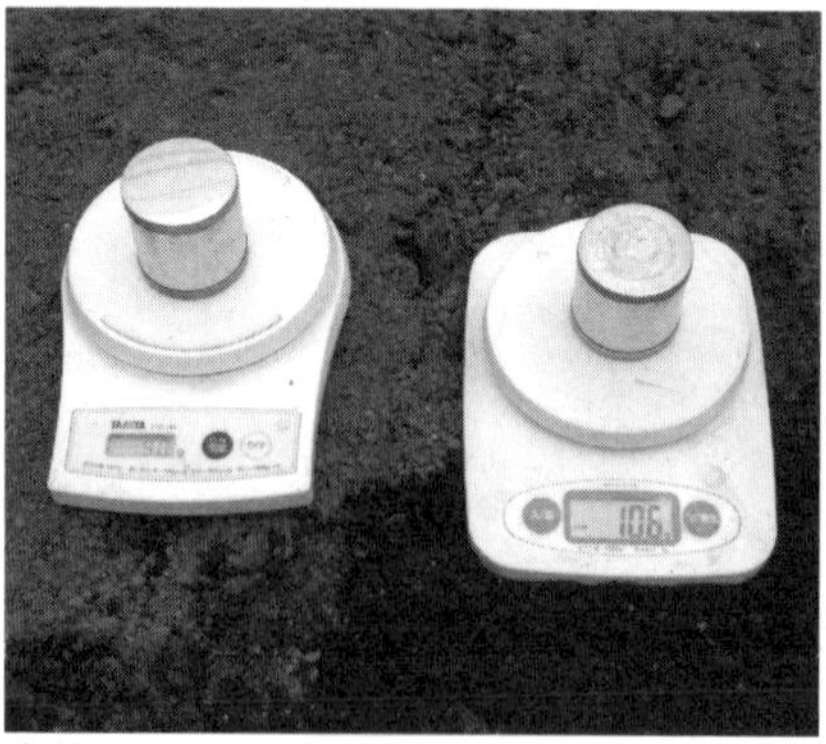

③耕うんだけ比重0.9、鎮圧で比重1.06に（右）

④握って比べると、耕うん気相率40%、鎮圧で30%くらいに（右）

相率の低い重粘土などで行なうと、過湿・酸欠の害を招く。そのような土の圃場をむやみに歩き回れば、足跡に水がたまって排水しにくくなり、過湿状態を長引かせる。筆者は「そういう土は、かんじきを履いて歩いて、足跡をつけないように」と言っているが、そのくらい、土の気相率・比重に気を使うことによって、施肥改善が成功するのである（写真3－7）。

重い土の比重と気相率を改善するのは、良質堆肥の施用である。堆肥投入によって重い土を軽くし気相率を高めると、今度は鎮圧の効果が出るようになる。重いままの土のときよりも、水と空気のバランスがよく、過湿・過乾燥になりにくくなって、発芽と養分吸収が大幅に改善される。

耕うん後と鎮圧後に土を握ってみること、できれば比重を測ってみることをお勧めしたい。鎮圧は、専用の鎮圧ローラのほか、写真3−6①のように均平板に負荷をかける方法でもよい。自分の畑に有効な鎮圧程度を試行・開発していただきたい。

写真3-7　重い土はかんじきを履いて歩く

発芽・生長期の管理（図3−7④⑤）

次に、タネ播き・植え付け時には、気相率が一六％になるまで十分かん水し、発芽ぞろいをよくする。かん水後の土の容積重は一・二くらいになる。

続いて、生長を盛んにさせたい生育前期は、根の活発に伸びているところの気相率二四％を維持するように、かん水して、養分吸収を促す。かん水回数と量は、土の状態と天候をみながら調節する。

写真3−8は、小ネギの葉三枚に生長したときの状態で、根は深さ一五～二〇cmに伸びている。この部分の土を握ると固まりができ、指で押すとポンと割れる気相率二四％、比重一・〇くらいで経過させる。

成熟期＝品質向上期の管理（図3−7⑥）

生長期を過ぎて、収穫物の品質向上をはかる時期には、気相率を少し

写真3-8　生長期は根が伸びているところの気相率を24％に（写真3-6と同じ小ネギの例）

写真3-9① 小ネギ収穫期——深さ30cmのところ

写真3-9② 品質向上期は根が伸びているところの気相率を30%に（写真3-6, 7と同じ小ネギの例）

乾き気味の三〇%くらいで管理する。小ネギの場合、三葉期を過ぎたらチッソ肥効をやや抑え、葉肉を厚くしっかり育て、緑を鮮やかにするために、かん水も控えめにしていく。写真3-9のように収穫前には根の伸びている深さ三〇cmくらいのところの気相率が三〇%くらいになるようにしている。土を握ると固まりができ、開くと崩れるくらいの状態である。

こうした管理は、堆肥施用と耕うん後の鎮圧、さらに次章で見る湿度管理を加えることで、土の水分が保たれやすくなり、水と空気のバランスが持続して、より管理がしやすくなる。

6 計算にもとづく気相率・比重の改善

気相率と比重の改善は、①以上見てきたような、耕うん・鎮圧などの準備作業や栽培中のかん水など臨機応変に実施して、収量・品質を高める即効的な道と、②ある程度の時間をかけて土そのものを改善していく計画的な道とがある。即効的に収量・品質を高めながら、計画的・長期的に土を改善していくことができれば、なお望ましい。そのためには、気相率・比重の測定値をもとに、かん水量や堆肥施用量を具体的な数字として出し、取り組んでいくことが大事である。以下

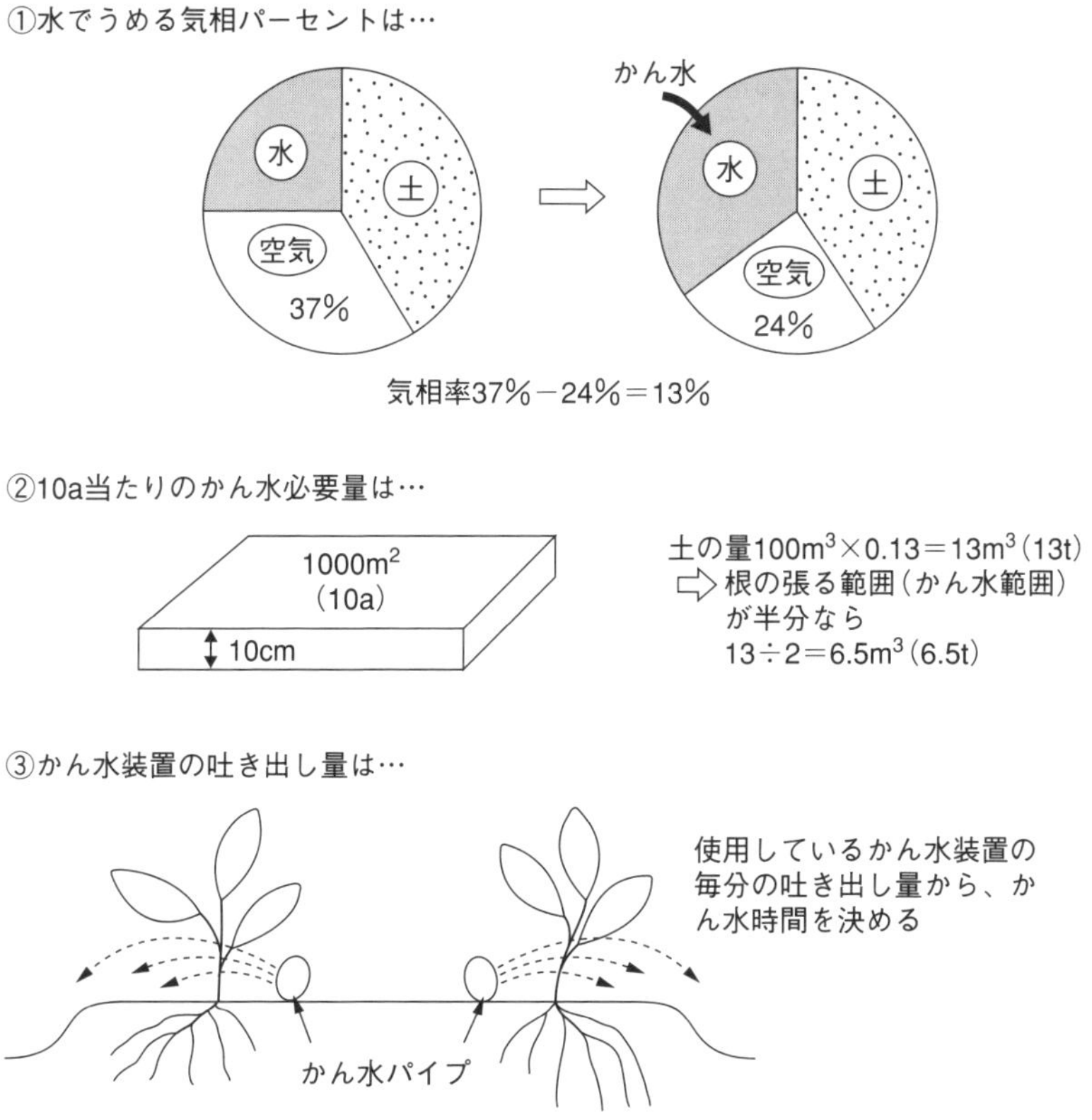

図3-8　気相率を最適な24%にするかん水量の計算

のような手順で行なう。

目標気相率にするためのかん水（図3−8）

①かん水か降雨後、下に流れる水が流れ去ったときの三相分布を調べ、現状の気相率と目標気相率を差し引きする。三相分布測定で、現状気相率が三七%だった場合、二四%にするには、三七−二四＝一三で、一三%分の気相を水で満たしてやる必要がある。

②深さ一〇cmまでの一〇aの土の量は一〇〇㎥である。その気相一三%を水で満たす（液相に変える）ためには、一〇aあたり一三㎥（一三t）のかん水が必要になる。この場合、そのとき根がもっとも伸びている範囲（たとえばうね肩から通路にかけてなど）に限定して考えてよいから、その範囲が全面積の半分なら一〇aあたり六・五㎥

（六・五t）のかん水量となる。このように、圃場の実際面積や一うねあたりに必要なかん水量に換算する。

③使用しているかん水装置（パイプ、ホース）の一分あたりの吐き出し量を調べて、必要量が得られるかん水時間を計算して、実施する。

かん水後の比重を一・〇に合わせる堆肥施用

上記のような気相率の高い土を二四％に引き下げるかん水は、かなり大量になる場合がある。そのために、土の比重が重くなりすぎる。また、水を土が保持できずに下へ流れ去ってしまう分が多くなる。そこで、比重を改善し、水の保持力を高めるのが良質堆肥の役割である。堆肥の施用量は、次のようにして決める。

水を加えて重くなった土の比重を、一・〇にするために必要な量の堆肥を施せばよいが、

①まず、かん水による比重の変化を計算する（かん水でうめた気相率の分、比重が増加する）。

②その比重を、一・〇に下げるために必要な一〇aあたりの堆肥量を計算する。

③堆肥は一〇a全面でなく作物の根が張る範囲、生育途中だとかん水する位置に施せばよいから、その量を計算する（図3-9）。

ちなみに筆者が推奨する堆肥は、比重〇・四とごく軽いもので、よく保水する小さな孔隙と、よく空気を通す大きな孔隙の二つをバランスよくもっている㈱ＡＭＬ農業経営研究所で扱っている）。

なお、これらは作物にあわせて堆肥施用プログラムを組む。たとえば、堆肥全量の半分を、作付け前の耕うん・うねつくりのときに、うね下に「待ち肥」として溝施用し、残りの半分を何回かに分けて、追肥のときに根が伸びる位置（かん水位置）に堆肥マルチする、など。

気相率が低い湿った土の堆肥施用

粘土質土壌などで、もともと比重が重く気相率の低い土には、良質の完熟堆肥を施して改善する。堆肥の施用量は、図3-9によって、比重一・〇に下げるのに必要な量を計算する。

写真3-10の茶園は、大型機械による踏圧で、茶の根の伸びる通路部分がカチカチに固まってしまった畑である。気相率は三％ときわめて低く、比重は一・七もあって、指で押してもまったく受けつけない。スコップを打ち当てても先が五㎝くらいしか入らな

①かん水による比重の変化は…
かん水前の比重1.0の土に、図3-8の例で気相率37％から24％に
下げるかん水を行なった場合

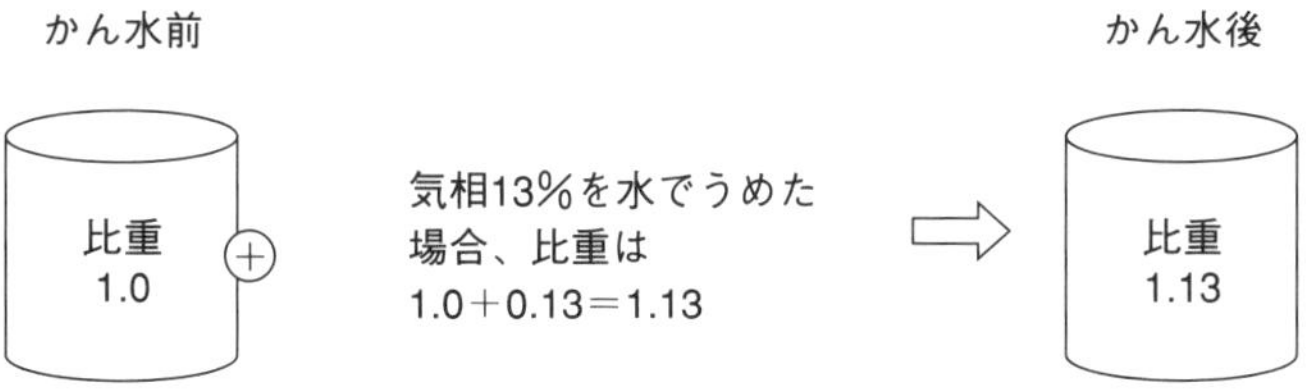

②かん水後の比重を1.0に下げる堆肥量は…

$$\frac{\text{かん水後比重}1.13-\text{目標比重}1.0}{\text{かん水後比重}1.13-\text{堆肥の比重}0.4}=9.6\ (\mathrm{m^3/10a})$$

※9.6m^3 をt数に換算するには
9.6×比重0.4＝3.8（t/10a）

③堆肥施用を、かん水範囲（根の張る範囲）とする。
その面積が全体の半分なら、3.8×0.5＝1.9（t/10a）

図3-9　かん水後の比重を1.0にする堆肥施用量の計算

い、硬く重い土だった。そのために枝枯れが多発し、クワシロカイガラムシが大発生して、廃園やむなしという状態だった。

この土を比重一・〇に引き下げるのに必要な堆肥施用量は、一〇aあたり全面積で七三tと計算され、通路部分に一二tの堆肥マルチ施用を四月に行なった。同時に、有機物の分解・腐植化を進めて土のCECを高める効果のある資材（筆者の研究所で開発した「レストーST一〇〇〇」）を散布した。その園の七月の状態を見ると、比重は一・〇六、気相率は二四％に改善され、土の断面を指で押すと、先がへこむ柔らかさとなり、白い根が増えている（写真3―10）。地上部では、枯れていたところに新しい枝が再生し、カイガラムシも消え、お茶の生産が再開できる茶園として復活してきた。比重と気相率を改善して、土中の水と空気のバ

写真3-10① 比重が重く気相率の低い茶園改善前。枝枯れが発生

写真3-10② 茶園改善後の全景。枝枯れが減少

写真3-10③ 茶園改善後。枝枯れの再生

写真3-10④ 茶園改善後、土が耳たぶの弾力に

ランスをとることは、あらゆる作物に高い効果がある。

7 気相率・比重の安定に堆肥マルチ

堆肥マルチと土の接触面が好適環境になる

良質の完熟堆肥は、小さな孔隙（液相＝保水性を高める）と、大きな孔隙（気相＝通気性を高める）をバランスよくもっている。これを土壌表面にマルチすると、スポンジを置いたような効果があり、かん水した水（降雨）を溜め込んで、じわじわと土に供給し、土の気相率二四％を維持しやすくしてくれる（図3−10）。

また、比重が〇・四と軽い堆肥を、比重一・二とか一・三などと重い土の上にマルチすると、堆肥との境目付近の土がちょうど比重一・〇で、気相率二四％に近い状態になり、根の伸びに最適な環境になる（写真3−11）。作物の根はまずこの堆肥マルチ下に伸びてきて、力を蓄えて下層に進入し、横に伸びてしっかりとした根系をつくっていく。また、堆肥マルチ付近は、微生物やダニ・ミミズなどの小動物の活動が活発なため、有機物の分解による腐植化や団粒化も盛んである。したがって、土そのものも堆肥マルチを起点として下層へと改善されていくのである。

堆肥マルチは、土中への水分補給を安定させると同時に、空中への水の蒸発を安定させるため、4章のテーマである「湿度」の管理にとっても有効である（70ページ参照）。

効果の上がる堆肥の品質

なお、以上のような効果を上げる堆肥の品質の目安は、比重が〇・四くら

写真3-11　土の比重改善効果が高く堆肥マルチに適する完熟堆肥

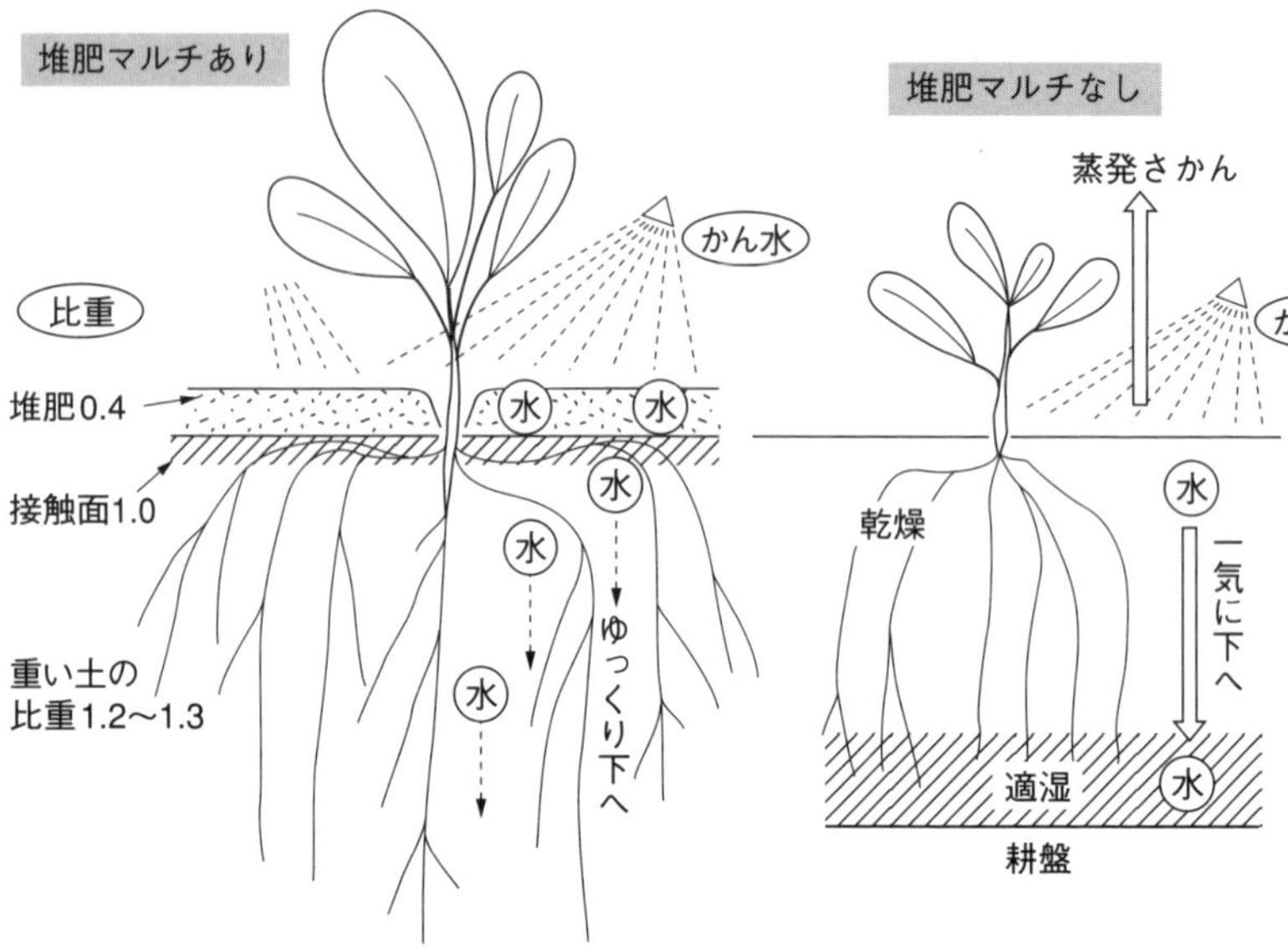

図3-10　堆肥マルチによる水分の安定

い、炭素とチッソの比率（炭素率、C／N比）が一五〜二〇、チッソ含量が一％程度である。また、匂いは未熟堆肥特有のアンモニア臭がなく土の匂い、色は黒っぽく、材料の原型が残らずサラサラした状態の完熟堆肥であることが大切だ。

肥料取締法によって、流通する堆肥には種類、原料、成分などの品質表示が義務付けられ、C／N比も示されているものが多い。比重の記載のない場合は、重さ÷容積で計算できるので、袋の表示を確認する。

4章

もう一つの施肥技術
——忘れてはいけない湿度管理

水や肥料と比べると、湿度は肥効にとって影響が小さいように思われるかもしれない。しかし、肥料の効果は湿度によって大きく変化する。作物の体の大きさ、ボリュームと活力、健康度、収量・品質などは、湿度に敏感に反応して、目に見えた差になって現われる。

葉がこぢんまりとして株のボリュームが出ずに、果実の肥大が悪いのは、「肥料が足りない」のでなく、「湿度が低くて肥料の吸収・利用が進んでいない」というのが正しい。決め手になっているのは湿度である。

1 〈事例から〉イチゴ 活力と高品質持続は、湿度が決め手

日中湿度六〇%を確保する

前章では、熊本県のあるJAミニトマト栽培で、専門農家も高齢者農家もそろって収量・品質向上の道が開けた事例を紹介したが、ここはハウスイチゴでも、「水–湿度–肥料」一体の施肥で効果を上げている。水は、前章でみたような「気相率」と「比重」の最適管理である。それをベースに、チッソとともに石灰を十分施す施肥法によって、高品質・多収を実現している。チッソと石灰を有効に効かせるために欠かせないのが、水管理とともに湿度管理なのである。

ここの湿度管理のポイントは、日中の湿度をイチゴの生長と果実肥大に適した六〇%を目標に管理するというもの。日中六〇%というのは、ふつうに考えると高めである。以前は、日中温度が上がったら換気するというやり方をしており、湿度などあまり意識していなかった。だから、晴天の日中はとくに、湿度が三〇%、二〇%台に下がり、空気が乾くにまかせていた。それを、日中湿度を意識的に高めに管理する方式に切り替えたのである（写真4–1）。

写真4-1　日中湿度60%目標に管理して大玉連続生産

大型の葉、株で「成り疲れ」知らず

以前のハウスイチゴは、収穫開始後、株が元気な第一果房のときは葉が大きく、果実も形よく大きく肥大したが、第二、第三果房になると葉が小型化していき、それにつれて果実の肥大が悪くなり、果形も乱れて品質と味が低下

した。「成り疲れ」である。

それを「水-湿度-肥料」一体の施肥に切り替えたことにより、イチゴの葉が大きくなり、株にボリュームが出てきた（写真4-2①）。その結果、大玉で糖度の高いイチゴの生産につながった。また改善前には、一果房に一五個以上着く果実を、株の負担軽減のため、六、七個に摘果していたが、九個、一〇個と多く成らせられるようになった（写真4-2②）。

写真4-2　「水-湿度-肥料」一体の施肥で変わってきたイチゴ
大きな活力の高い葉が出続ける（上）
一果房にたくさん着果させせられる（下）

六月下旬でも収穫がつづく促成イチゴ

上の例は地植え栽培であるが、鹿児島県のあるJA組合員は、高設イチゴ栽培で同じような「水-湿度-肥料」一体の管理をしている。その結果、摘果をほとんどしなくてもよく肥大して収量が向上した。さらには高温期に入っても株の活力が持続するようになった。十一月から収穫して、ふつう五月下旬になると奇形果や先青果などが発生して品質が低下するため、栽培終了する作型である。それが、冬春の収穫成績だけでなく、六月下旬になってもまだ元気に開花し、形と味のよいイチゴを収穫している（写真4-3）。

隣りに、次作の苗を採る親株のハウスがあるが、六月下旬の同じ時期に、葉枯れ・うどんこ病・スリップスが発

写真4-3　日照量調整、湿度管理で6月も元気に収穫、高設栽培の促成イチゴ

生している。こちらは、上部をビニールで覆った雨よけハウスのため、換気は自然の風通しで、湿度管理はされていない。両者の株の活力の差は、湿度の違いがもたらしたものといえる。

2 チッソ肥効は石灰とのコンビネーションで

「成り疲れコース」から「元気持続・連続収穫コース」へ

果菜でも果樹でも、活力と収量・品質が低下する「成り疲れコース」から「元気持続・連続収穫コース」へ転換するポイントは、チッソと石灰のバランスのとれた吸収・利用である。この「チッソと石灰のコンビネーション肥効」によって、大きく丈夫な葉、ボリュームのある体づくりができ、果実がよく肥大するからだ。

たとえばイチゴの場合、葉は三枚の小葉でできているが、株が若くて元気なときは、先端の小葉の長さが一一cmくらいある。この長さの三分の一の三～四cmがちょうど花茎の長さになる。そして、花茎の長いものは、ガクも長く育ち、果実はガクの長さの三倍に伸びる（図4－1）。ところが、第二、第三果房となるにつれて、小葉が六cm、四cmと小型化していき、連動して花茎、ガクも短くなる。したがって、まずは、葉を大きく長く育てることが、大きい果実の収穫につながるのである。

チッソ単独でなく、石灰とコンビで

その役割を果たすのがチッソと石灰のコンビだ。石灰は葉の丈をのばして大型の葉をつくり、また花のガクを大きくし、果実の細胞数を増やして肥大

のもとをつくる。チッソ単独でも、葉と株は大きく育つが、軟弱で垂れ下がり、病気にも弱い。葉やガクが小さい株に、チッソと水を与えて果実を肥大させることはできるが、中に空洞ができ、味の薄いイチゴにしかならない。

チッソとともに石灰が効いてはじめて、大きくて美味しい果実をつくる力をもった葉と樹が育つのである。もちろん、チッソや石灰と、リン酸・苦土・カリのバランスが重要であるが、そのことについては、次の5章で詳しく説明する。

ここでは、作物の収量を上げるために、だれもがもっとも重要と考えるチッソの裏には石灰があることを覚えておいていただきたい。そして、このチッソと石灰のバランス肥効を引き出すのが、「湿度管理」である。

3 湿度の影響を意識しよう

湿度で、気相率と養分吸収がかわる

湿度は、空気中に水蒸気がどれくらい含まれているかを、パーセントで示すものである。その場合、空気はいくらでも水蒸気を含めるわけでなく、気温によって限度があり、その限度が「飽和水蒸気量」である。空気中に含まれる水蒸気の量を、その温度の飽和水蒸気量で割ったものが、湿度（相対湿度）だ。限度まで含んだときが湿度一〇〇%で、これより水蒸気が多くな

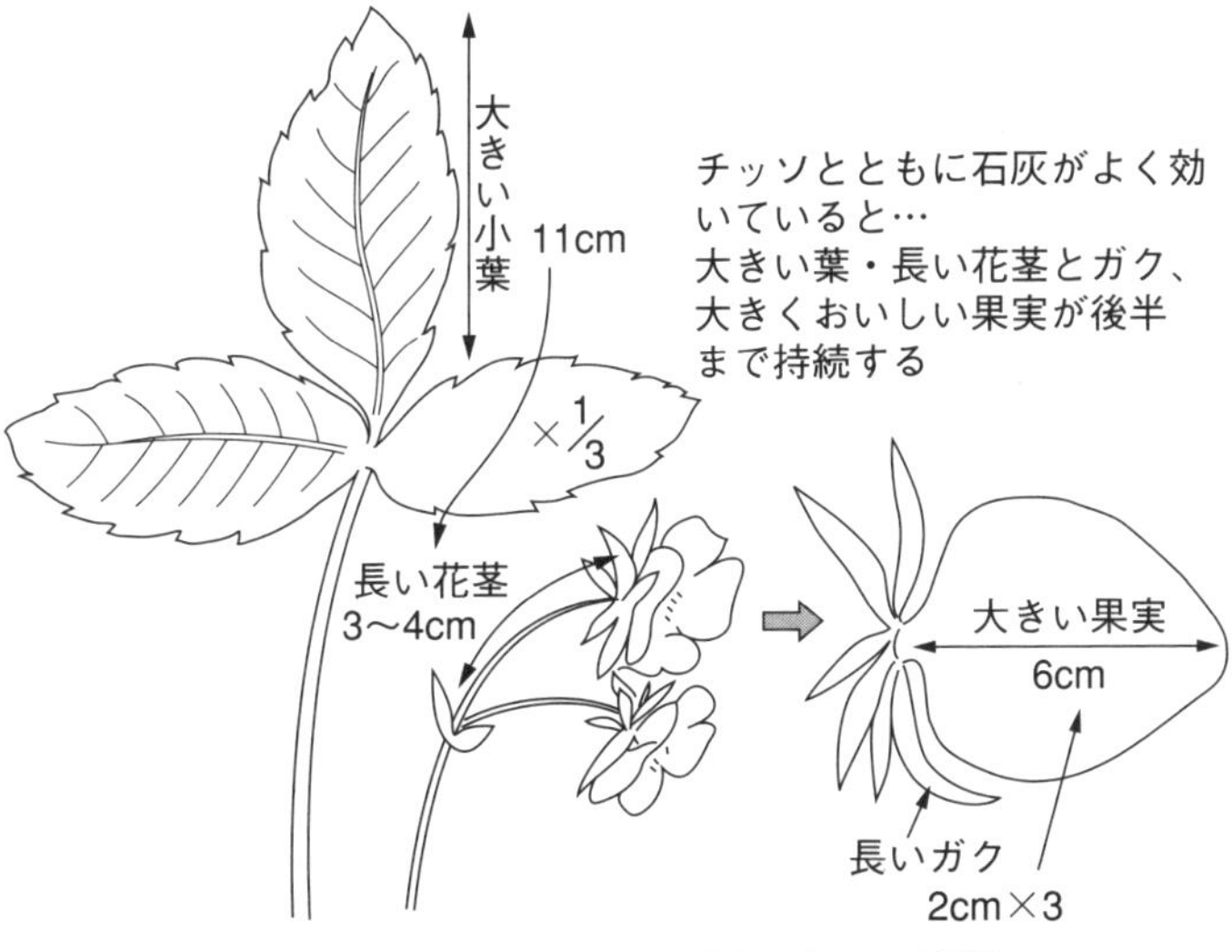

図4-1　チッソと石灰のコンビネーション肥効

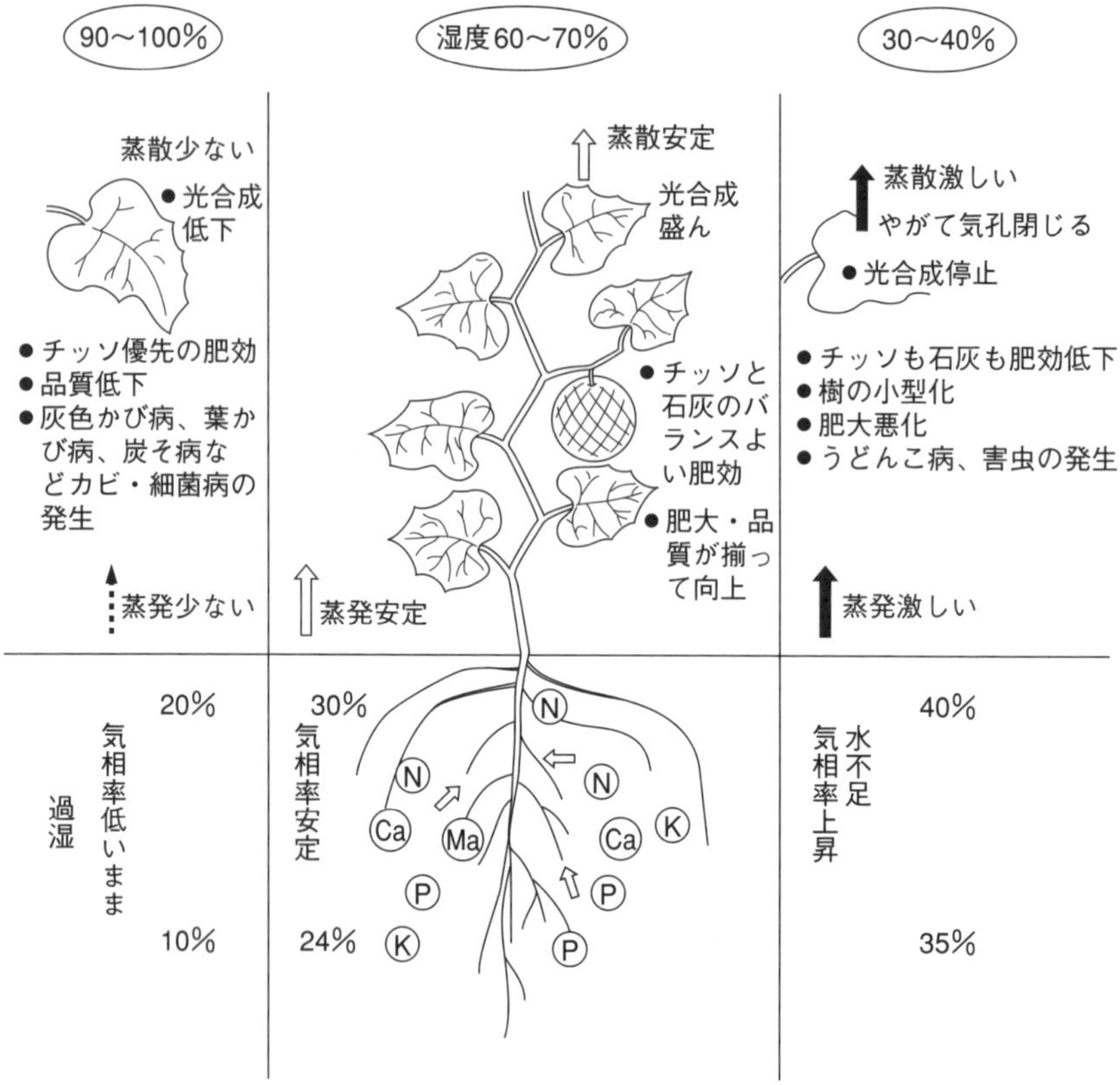

図4-2　湿度の影響 ——「適湿」は60〜70%

ると結露して水滴となる。

図4−2に示すように、作物の生長と生産が盛んになるのは、湿度六〇〜七〇%くらいの条件である。湿度が高いと、雨の日に洗濯物が乾きにくいように、土や作物体からの水分の蒸発・蒸散が抑えられる。そのため湿度を六〇〜七〇%など高めに維持すると、土の気相率を作物に最適な二四%とか三〇%にあわせた場合、その状態が長続きしやすく、チッソ・石灰などの養分吸収が安定する。ただし、九〇%とか一〇〇%と高まり、これが長続きすると、作物は軟弱に育ち、灰色かび病や葉かび病、炭そ病など、湿潤を好むカビ・細菌病が発生してくる。

逆に湿度が低いと、土や作物体から蒸発・蒸散がどんどん進む。土は乾いて、気相率が高まり、養分吸収がしにくくなる。うどんこ病など乾燥型の病気とアブラムシ・ハダニ・スリップス・コナジラミなどの害虫が発生してくる。

湿度変化は作物にとって激しいストレス

また、土壌中の養分は水とともに吸われて上方へ移動するが、それには蒸散による吸い上げ力が働いている。湿度があまりに高すぎると蒸散がおこらないので、養分吸収が順調に進まない。

逆に、空気の高温・乾燥がひどくなると、作物は体内水分の激しい蒸散を防ぐために、気孔を閉じて活動を休止してしまうので、やはり養分吸収・利用は困難になる。このように、湿度の変動は、作物に大きなストレスをもたらし、養分の吸収・利用に大きな影響を与えている。

4　「適湿」を確保する温度管理
――温度の裏に湿度あり

温度だけ考えていてはダメ

これまで、温度についてはだれもが気にして、保温・加温や換気、遮光管理を行なってきた。ところが、温度にともなって、湿度が変化することを意識していただろうか。

図4-3に示すように、飽和水蒸気量は低温で少なく、五℃で六・八g/m³、一〇℃で九・四g/m³だが、一五℃では一二・八g/m³、二〇℃では一七・三g/m³、三〇℃では三〇・四g/m³と、高温になるほど多くなる。そのため一〇℃で湿度一〇〇%でも二〇℃になると湿度は五四%、三〇℃になると三一%に低下する。二〇℃で六〇%の適湿でも、一五℃に下がると湿度九五%の過湿状態になる。

このように、温度の裏には湿度がある。したがって、「温度管理は湿度管理でもある」ことを意識して、保温・換気や光線管理を行なうようにしたい。

作物に適した日中湿度とは？

作物の養分吸収・利用を盛んにする日中湿度は、イチゴやトマトなど多くの種類で六〇%前後である。この条件で、もっとも活発に生長し、果実を肥大させるので、目標湿度六〇%とし、最低でも五〇%は確保したい。ただし、

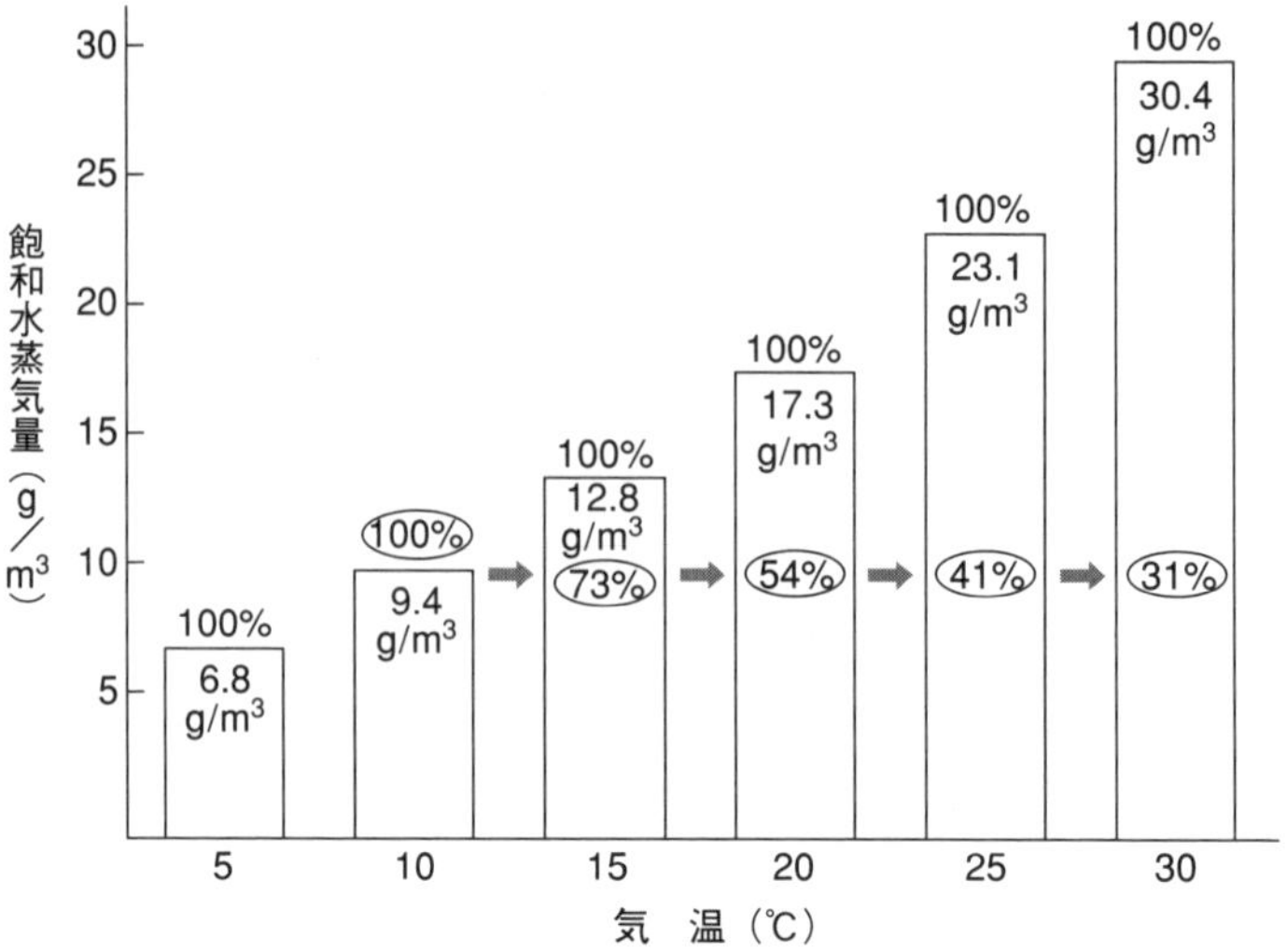

図4-3　湿度は温度によって変化する

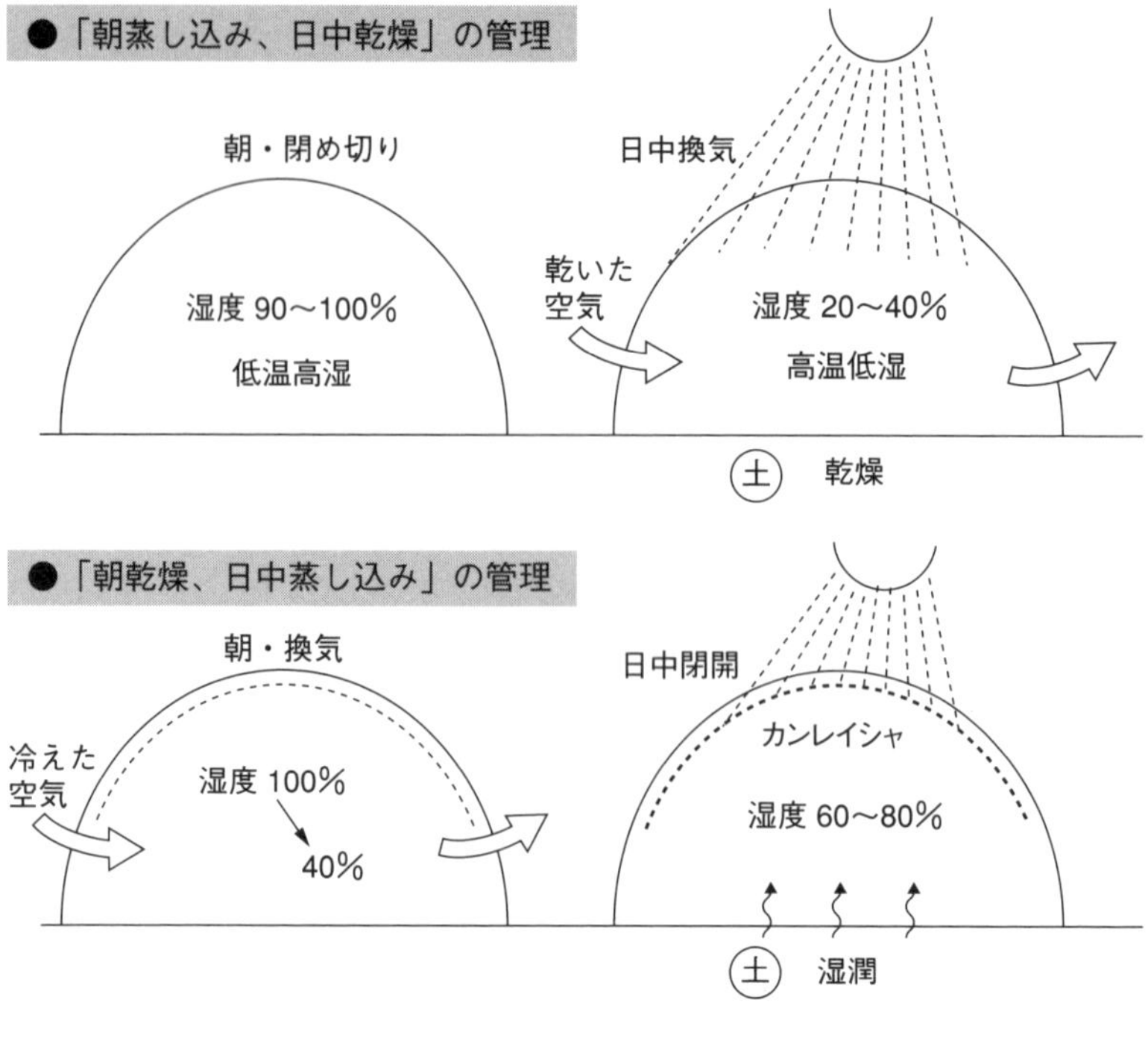

図4-4　湿度管理の転換を

開花にとっては湿度四〇%くらいが好ましく、元気な花が咲いてタネもよく形成される。朝の光合成が活発なときに、換気で湿度を下げ気味にすると、開花にとって効果がある。ホウレンソウも五〇〜六〇%が適湿である。

　これらより高い湿度を好むのはキュウリやナスで、生長や果実肥大には七〇〜八〇%がよく、ピーマン、シュンギクなどは六〇〜七〇%である。

　日中湿度六〇%とか七〇%というのはこれまでの管理から見ると高い。しかし、これが高品質・多収にとっては「適湿」であり、光合成と養分吸収の盛んな日中にこの条件をつくってやることが大切である。

「朝蒸し込み、日中乾燥」でなく、「朝乾燥、日中蒸し込み」を

　これまでの温度・湿度管理は、日中にハウス内温度が上がってきたら換気するというのが、多くの生産者のやり方であった（図4-4上）。その場合の換気のねらいは、ハウス内温度を下げるためであり、温度管理が第一となっている。

　しかし、この方法だと、日中換気と気温上昇によって湿度が下がり、晴天日には四〇%台、さらには三〇%台、二〇%台まで低下する。一方、夜間には湿度一〇〇%近くまで上がっていることが多いので、換気前は高湿度状態が続く。つまり、「朝蒸し込み、日中乾燥」というのが、一般的な湿度管理であった。ところが、これだと日中湿度が作物の養分吸収と生育にとって低すぎる。

　チッソと石灰の同時吸収によるコンビネーション肥効など、バランスのよい養分吸収・利用のためには、これを逆転させた湿度管理でないといけない。朝早めに換気していったん湿度を下げ、日中はやや蒸し気味にする「朝乾燥、日中蒸し込み」が、施肥の効果を高めるのである（図4-4下）。

　夜間締め切ったハウス内の湿度は朝には一〇〇%まで高まり、これが病気につながりやすい。しかし、朝の換気によって、いったん湿度を下げてやれば予防できる。その後は作物の種類に応じた適湿状態を維持して元気に育てれば、病気発生の心配は少ない。

「適湿」にするための換気・保温プログラム

「朝乾燥、日中蒸し込み（適湿確保）」型の湿度管理は、次のようなパターンで行なう。図4-5は、九州での三〜四月の例である。夜は温度の低下とともに湿度が上がり、夜間から朝にかけて一〇〇%近くになっている。そこで

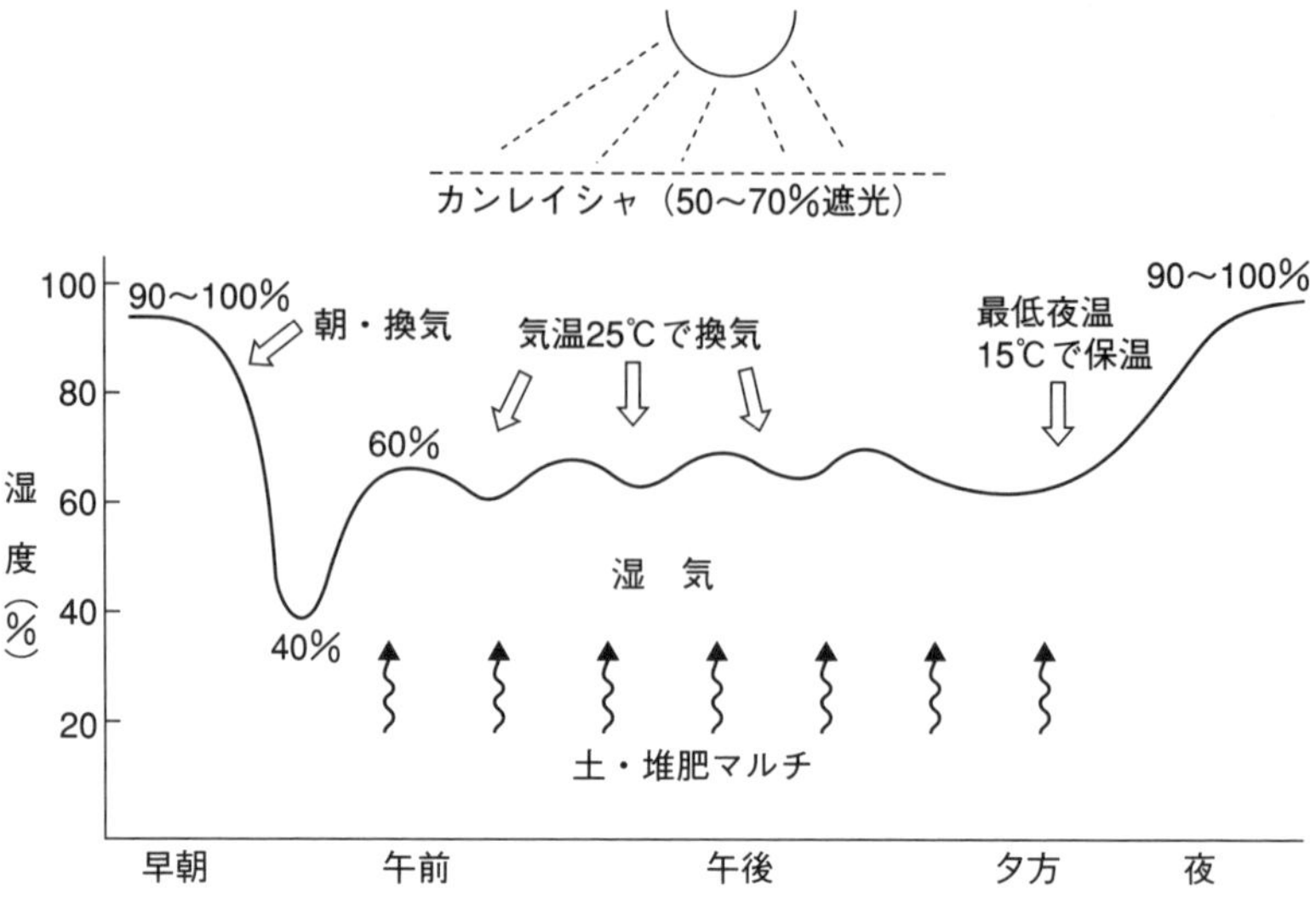

図4-5　日中「適湿」を保つ換気・保温プログラムの例（九州地方3～4月の例）

朝換気すると、冷えた外気は水蒸気量が少ないから、ハウスに流れ込んで温度が上がると、急速に湿度が下がる。四〇％くらいになったら、開けていたサイドや窓を閉める。

そのあとは、トマトやイチゴなら六〇％前後になるように、換気で調節する。自動換気装置を入れている場合、たとえば春の時期、気温が二五℃に上がったら換気するという設定をしておくと、六〇％前後を維持することができる（カンレイシャによる遮光も行なっている場合）。

このような湿度管理の効果を上げるために、土壌のほうは、前章でみたような気相率二四％目標のかん水と、よく保水できる土づくり、堆肥マルチなどによって、空中へもじわじわと蒸発するようにしておく。

温度・湿度計を設置して、湿度に強くなろう

このような温度－湿度管理のパターンは、一定の試行と経験を経て、作物の種類や地域ごと、季節単位でできていくものである。ぜひ、温度・湿度計を設置して、測定を習慣づけていただきたい。

前章でお勧めした気相率・比重管理とともに、湿度管理が適切になされて

いけば、イチゴもネギもホウレンソウも、見違えるほど姿がよくなっていく。それと湿度計を見比べることが楽しみに、観測を続ける生産者が増えてきた。温度・湿度計は作物の生育する高さに設置する（写真4-4①、②）。

湿度測定は、ハウスの開閉操作やハウス内の場所によってどう変化するか、さらには、日があたる株の上部と繁りのある下部とではどう違うかを調べたい。意外な発見があって、上手な環境管理のアイディアが生まれるものである。先に、トマトやイチゴの開花には湿度四〇％、果実肥大には六〇％くらいが適湿と述べたが、開花している上部と肥大中の下部の湿度を調べ、サイドを開ける高さを調節して風の通りを変えて、それぞれの位置に適湿が得られるように努力している生産者がいる。すばらしい効果を上げている。

これまで、あまり意識されなかったテーマだけに、湿度で施肥の効果を引き出す道は、まだまだ工夫の余地がありそうだ。多くの人のチャレンジが期待される。

写真4-4①　温度・湿度計を作物の育つ高さに設置

写真4-4②　デジタル温度・湿度計

5 湿度管理の有力な手段
——光・水・繁り・着果位置

カンレイシャで日中湿度を確保

作物のまわりの湿度を大幅に上下させるのが太陽光線である。遮光などの光線管理は、湿度管理の重要な手段である。

筆者が指導・協力して「水‐湿度‐肥料」一体の施肥で効果を上げている多くの生産者が、カンレイシャによる遮光で、湿度を確保している。とくに春以降は、日ざしが強く気温も上がるために、換気管理だけでは日中湿度の確保ができない。そこで、春以降は光を五〇％とか七〇％弱める遮光によって、乾燥を防ぐのである。

写真4‐5は、本章冒頭で紹介した、高設栽培の促成イチゴハウスでの照度、湿度測定である。ここでは二月末から七〇％遮光のカンレイシャをかけている。六月二十日晴天時のハウス内外の照度・温度・湿度をみると（表4‐1）、外が二六・六％という乾燥状態なのに対して、室内は四〇％台を確保している。これにはカンレイシャの効果に加えて、次に述べるペットボトル水による湿度補給の効果が重なっている。七五％遮光は湿度を一〇％近く下げる効果がある。

株の内部が上部空間より湿度が五％ほど高いのは、ベンチの用土からの湿気が葉の繁りの中に溜まるためで、これが果実の肥大促進などによい影響を与える。

光・温度‐土・水分‐株の繁り、これら全体で作物に適した湿度環境をつくり出すことで、効果が高まる。

水を入れたペットボトル、バケツも有効

この高設栽培の促成イチゴの例では、水を入れたペットボトルをハウス内に吊るすと湿度を高めることができるので、遮光と組み合わせて効果を上げている（写真4‐

表4-1　6月20日晴天時のハウスの内外の照度・温度・湿度

位　置	照度lx	気温℃	湿度%
ハウス外	10万	36.0	26.6
ハウス内ベンチ上部	2万6,000	34.5	40.1
ハウス内株内部	3,000	34.6	44.8

①外の照度を測る

②株の上の照度を測る

③株の下の照度を測る

④株の下の温度・湿度を測る

写真4-5　照度、温・湿度を測定して作物の生育環境をつかむ

6）。一〇ａに二ℓのペットボトル一〇〇個吊るして、二〇〇ℓ。これをやってハウスを閉めておくと、湿度が約一〇％上がる。トマトでもイチゴでも玉太りがグンとよくなる。

　バケツに水を入れて並べる人もおり、同様の効果を上げている。

写真4-6　ペットボトルによる湿度補給とカンレイシャによる遮光

ビニールマルチの問題点、堆肥マルチの利点

収量・品質が伸びない場合、ハウス内の湿度は低いのに、マルチの下の土は排水が悪くて過湿状態という例も少なくない。せっかく水があるのに、湿度は上がらず、地中は酸素不足で根腐れという、作物にとって二重の悪条件である。このような場合は、ビニールマルチをすぐ撤去すると、空気も土も適湿に近づいて、樹が元気になってくる。

ビニールマルチのかわりに、堆肥マルチをするのは非常に有効である（写真4-7）。土が過湿になりやすい場合（気相率が低下）、堆肥マルチがかん水した水をしっかりためてじわじわと土に補給してくれる。一方、空中への水蒸気補給で湿度を安定させてくれる。

写真4-7　堆肥マルチで土と空中に水分の安定補給

暑い季節には、ハウスを閉めて湿度を上げようとすると高温になってしまうので、これによる湿度管理は難しくなる。そんな時期には、堆肥マルチや上記のペットボトルによる水蒸気補給と、遮光の組み合わせが有効な手段となる。

湿度は、大気と大地の間での、水・水蒸気の移動で変化することに関心をもって、さまざまなアイディアをこらしていただきたい。

露地栽培や果樹・茶でもいろいろな工夫

これまで述べてきた湿度管理は、ハウス栽培だからできることだ、と思われるかもしれない。しかし、カンレイシャによる上部または株元遮光を露地栽培で行なって、効果を上げている人は多い。

そこまでやらなくても、枝葉が繁ること自体に湿度確保の効果がある。たとえば、夏にはできるだけ枝葉をおいて日陰をつくり、とくに果実付近が直射日光から逃れるようにする。果実は樹の外面で強い光があたっているもの

写真4-8　遮光と堆肥マルチによる湿度管理により、無摘果で多数着果肥大するミカン

より、枝葉に隠れてやや日陰のところに成っているもののほうが、おいしく、糖の乗りがよくなる（写真4−8）。これは、光が遮られて枝葉内部がジットリする湿度効果で、ミカン類では袋が薄く甘くなる。これも、光線・湿度管理による品質向上の技術だ。

また、根がもっとも伸びている樹冠下や茶園通路部に、直射日光がベタに当たらないようにする。木漏れ日がチラチラする六〇〇〜七〇〇ルックスが理想である。そこへ堆肥マルチをしてたっぷりかん水し、じわじわ蒸発して枝葉の繁りに湿気がたまるようにするとよい。

また、光に強く背の高いトウモロコシなどの間に野菜を植える、伝統農法の「間作」を見直すことも意味深い。

6　湿度管理で病害虫も抑える

多湿型病害と乾燥型病害虫がある

湿度はこれまで、病害虫との関係が問題にされてきた。低温期に曇天・雨天が続いて湿度が高まると、葉かび病・灰色かび病・褐斑病・べと病・菌核病などの「多湿型病害」が発生し、逆に高温・乾燥続きで乾燥すると、とくに害虫、病気ではうどんこ病などの「乾燥型病害虫」が出やすいからだ。

しかしこれも、湿度を意識的に管理していれば、防げるものだ。熊本県の南部地区のJAのキュウリ生産者は、①湿度一〇〇％という過湿状態を続けないこと、②五〇％以下にしないことを基本にして、③日中の湿度を七〇〜

八〇％にすることを目標に管理して、成果を上げている。

湿度一〇〇％の過湿、五〇％以下の乾燥を防ぐ

①は、多湿型病害を避けるためである。朝早めにサイドを上げて換気する。これにより、夜間から早朝に湿度一〇〇％だったものが、曇雨天のときでも九〇％近くまで下がってくる。晴天のときには、それほど換気を急がなくてもいいという。

②は、乾燥型病害虫を増やさないためである。キュウリの着果前にうどんこ病が発生すると被害が大きく長引くので、定植前から通路にイナワラを敷いて、両端をせき止めて大量の水を流し込む。土に水を含ませ、それを濡れたイナワラで覆って、これからの蒸発で湿度を確保するねらいだ。さらに、土もイナワラも乾いていくのに対して、乾燥した日には、動噴に細霧ノズルをつけてハウス内に葉水して、湿度が五〇％より下がらないようにする。

③は本章の中心テーマである「チッソ・石灰のコンビネーション肥効」を高めるための管理だ。天候にもよるが、早朝一〇〇％に上がっているのを換気して七〇％前後に下げ、温度が下がって閉めると昼前後に少し上がって八〇％くらい、午後気温の上昇によって湿度が下がり七〇％前後となるのを目標に管理している。

3章で説明した「気相率」の最適化の水管理と堆肥施用、および堆肥マルチによる土壌水分と湿度の安定対策を行なったうえで、以上のような湿度管理を行なって、施肥の効果を高めながら、病害虫も抑えている。

5章

養分バランス施肥の実際

——肥料同士のコンビネーションも大事

1 濃度障害、低pHの改善も「水—湿度—肥料」トリオで

前章までで、水と湿度が養分の吸収・利用を大きく左右していることと、その管理について説明した。次は、肥料をどのように選び、施すかである。それを考えるスタートとして、作物が肥料を吸収する環境、すなわち「養分吸収環境」について押さえておきたい。

養分吸収環境のうち、だれもが厄介だと考えているものに、塩類集積・濃度障害と、土の酸性がある。これらは、作物の生育・収量・品質にとってマイナスに働き、ときには作物栽培の継続をあきらめさせるほどのダメージを与えることがある。それを改善していくのも、「水—湿度—肥料」を上手に組み合わせた管理である。

1 〈事例から〉積極かん水でよみがえったハウスホウレンソウ

ホウレンソウの事例を見てみよう。鹿児島県志布志市のＪＡの実践である。ここのハウスはもともと新規就農者受け入れの施設であった。ところが、四年間ホウレンソウ栽培を続けても、成績が悪くて利益が上がらないため、農業経営をあきらめてＪＡの管理に移っていた。そこで、二〇〇五年の十月から、「水—湿度—肥料」一体の施肥を実施したわけである。

序章で、新規就農者が経営を続けるためには、栽培によって採算がとれる見通しがもてること、収量・品質が向上して確実に売上げと利益が確保されるという「計算」が成り立つことが、営農の第一条件であると述べた。

ところが、このハウスのホウレンソウは、写真5−1のように、まず発芽が不良でバラツキが激しかった。育ったものは、葉が垂れぎみで、色は緑が濁ったように濃く、ゆでるとすぐに煮崩れし、苦味・エグ味があって、おい

しいホウレンソウとはいえなかった。生育も遅れ気味で、ハウスホウレンソウなら年間八回は作付け・収穫ができるところ、四~五回がやっとだった。

写真5-1　発芽・生育の悪かったハウスホウレンソウ

塩類濃度障害で発芽しない、育たない

　このように、収量が上がらず、味と品質も悪い第一の原因は、施した肥料養分が土壌にたまる塩類集積、それによっておこる濃度障害であった。土壌分析してみると、塩類集積の程度を示すEC（電気伝導度）が表5-1のように、四・八ms／cmに上がっていた。ホウレンソウは、〇・四~〇・六ms／cmで栽培するのがよい野菜なので、これではよい生育はむずかしい。さらに、高ECに連動して、硝酸態チッソが七八・八mg／一〇〇g（一〇aあたり七八・八kgに相当）もあった。こちらは、一〇~一五mg／一〇〇gが適正範囲なので、やはり異常な高さである。

　このような高ECでは、発芽時に幼根が伸びることができず、発芽ぞろいと根系の形成が悪くなる。硝酸態チッソは吸収されたあと、体内に未消化チッソとして残り、苦味やエグ味となって、味・品質を低下させる。葉の色が黒っぽく垂れぎみなのは、未消化チッソのために葉が軟弱に育っている現れで、病害虫にもかかりやすい体質であることを示している。

チッソも石灰も余るほどなのに

　土壌中にチッソがあふれ、それが体内の未消化チッソ濃度を高めて、障害をもたらしているケースである。体内でチッソが有効に働くのではなく害をおこしている。そして、ホウレンソウの育ちが悪く、葉が垂れていることなどから、石灰もまた有効には働いていないことが想像できる。このハウスの場合、石灰が土にないのではなく、七

表5-1　濃度障害の出ていたホウレンソウハウスの土の変化

	分析項目	単位	改善前 2005年10月26日	除塩・かん水後 2005年11月24日	改良目標（CEC20〜30のとき）
化学性（土壌中の養分など）	pH（H_2O）		6.2	6.6	6.5〜7.0
	pH（KCℓ）		5.9	5.8	6.0〜6.5
	EC	ms/cm	4.84	0.37	0.4〜0.6
	塩基置換容量（CEC）	me/100g	29.4	29.8	20〜30
	アンモニア態チッソ	mg/100g	0.7	0.4	14
	硝酸態チッソ	〃	78.8	1.1	10〜15
	有効態リン酸	〃	79.0	86.0	45〜55
	石灰	〃	763.5	498.0	280〜525
	苦土	〃	243.2	119.3	80〜120
	カリ		407.0	140.9	94〜141
	塩基飽和度	%	163.6	89.9	80〜100
物理性（比重 三相分布）	生土重量	g/100mℓ	108.0	111.0	106〜120
	乾土重量	〃	77.0	72.0	76〜96
	固相率	%	32.3	31.7	30〜40
	液相率	〃	31.0	39.0	46〜30
	気相率	〃	36.7	29.3	24〜30

六三・五mg／一〇〇gも溜まっていた。石灰の適正範囲は二八〇〜五二五mg／一〇〇gだから、石灰もあり余るほどの状態だ。ホウレンソウに吸収・利用されない形で土に取り込まれてしまっていたのである。

また、土壌のpHは六・二で、強酸性というほどではないが、酸性に弱いホウレンソウにとって望ましいpH七・〇から見ると、よい状態とはいえない。

今日では、このように硝酸態チッソや石灰、あるいはカリが集積して、栽培を困難にしている畑は多い。施肥量を増やしても効かないから、さらに増やすという悪循環を繰り返し、塩類集積・濃度障害に拍車をかけてきた結果である。

原因は水管理の失敗に

しかし、このような塩類集積・濃度

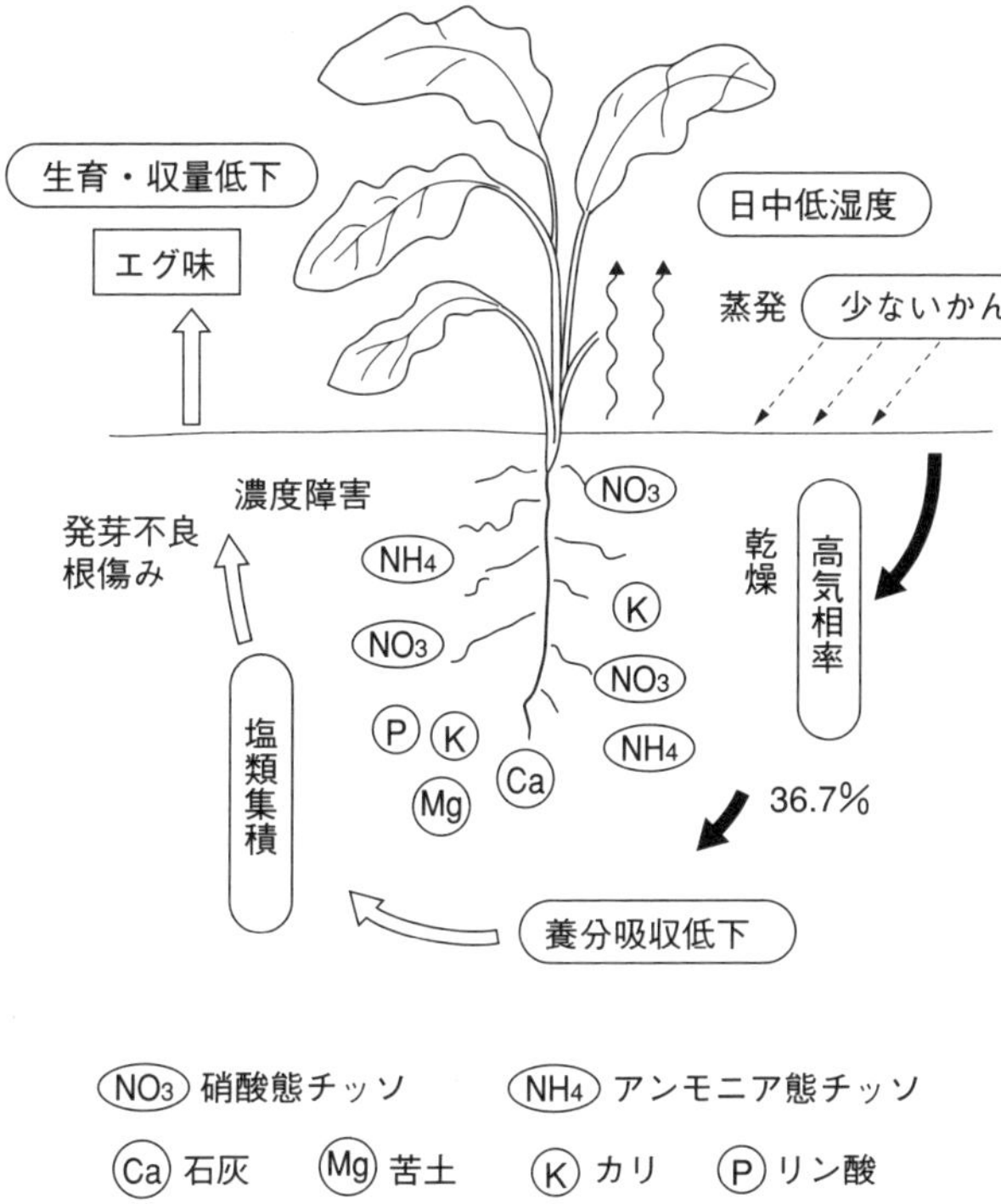

図5-1　濃度障害は水管理の失敗から

障害の根本原因は、土そのものが悪いという宿命的なことではなく、やり方によって大変身が可能な水管理・湿度管理にある場合が多い（図5－1）。

　このホウレンソウハウスの場合、土の三相分布は、表5－1のように、気相率三六・七％、液相率三一・〇％と、気相率が高く乾きやすい土壌である（気相率について詳しくは3章）。ホウレンソウの発芽に適した気相率は一六％、生長に適した気相率は二四％だから、大きくかけ離れている。そういう土であるにもかかわらず、かん水は、頭上散水方式で一日五分くらいしか行なってこなかった。これでは、気相率を一％くらいしか引き下げられない。

　また、ハウス内湿度は、「朝蒸し込み、日中乾燥」の換気が行なわれ、日中晴れれば四〇％とか三〇％台、ときには二〇％台まで下がる低湿度状態が続いた（湿度について詳しくは4章）。

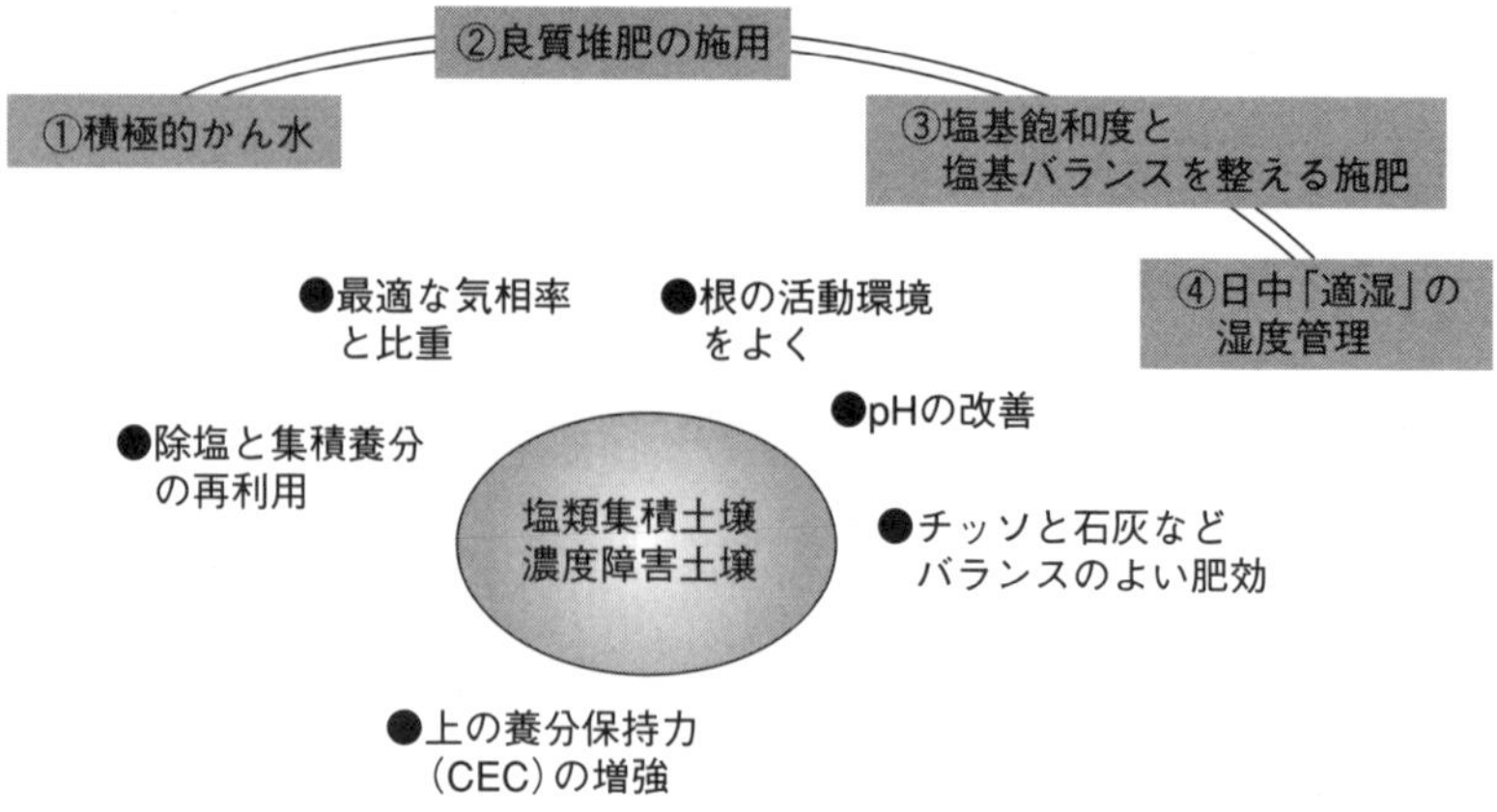

図5-2　積極かん水と堆肥施用を中心に濃度障害対策

土の乾燥（高い気相率）と空気の乾燥（低い湿度）が、土壌中の養分を吸収されにくくし、ホウレンソウの体内でバランスのとれた養分利用を妨げていたわけである。

水管理をスタートに、ECもpHも改善

そこで、対策は次のように行なわれた（図5−2）。

〈第一段階〉栽培前の土壌改善　一ヶ月間

①積極的かん水　気相率一六%まで下げる多量かん水による除塩、続いて気相率二四%維持のかん水……ECの引き下げ、集積した塩類の除去、pHの改善（写真5−2）。

〈第二段階〉堆肥施用・施肥、タネ播き〜収穫

②良質堆肥の施用　気相率二四%としたときの土の比重を一・〇に近づけるための堆肥の施用。この条件下で、タネ播き前に気相率一六%にする積極的かん水をし、本葉三、四枚までは二四%を維持。その後、収穫期まで表層を乾かしぎみの気相率三〇%、根が伸びる先々を二四%とするかん水をした（写真5−3）。

③塩基飽和度と塩基バランスを整える施肥……pH改善、「チッソ−石灰のコンビネーション肥効」などの肥料設計（89ページ参照）。

④「適湿」を保つ管理……昼間五〇〜六〇%を目標に、換気・遮光など「日中蒸し込み」型の管理を実施（写真5−4）。

土とホウレンソウの大変化

これを実施して、土壌は大きく変化した（76ページの表5－1）。

まず、第一段階で、ECは四・八四ms／cmから一〇分の一以下の〇・三七ms／cmまで下がり、硝酸態チッソは七八・八mg／一〇〇gから一・一mg／一〇〇gと大幅に低下した。石灰は七六三・五mg／一〇〇gから四九八・〇mg／一〇〇gと低下したが、かん水効果で吸収・利用しやすい石灰が増えていると考えられる。また、pHは六・二

写真5-2　ホウレンソウ畑の土壌改善（作付け1ヶ月前）
①耕うんして（上）、②乾燥し切った土に（中）、
③大量かん水、除塩（下）

から六・六とホウレンソウの好む範囲に入ってきた。このように、一ヶ月間のかん水を中心とした処置で、急速に作物の根がよく伸び活動できる、クリーンな養分吸収環境に変化した。

そのうえで、第二段階の「水–湿度–肥料」一体の施肥を実施し、ホウレンソウは写真５–５①、②のように、発芽と生育がよくそろい、葉が伸び伸びと育ち、垂れずにピッと立つようになった。葉のグリーンが鮮やかになり、根の赤色がよく出るようになった。甘味があって、生でサラダ風に食べてもエグ味がない、おいしいホウレンソウに変わった。

写真5-3　発芽時の気相率16％、本葉3,4枚まで24％

写真5-4①　日中湿度50〜60％で管理

写真5-4②　カンレイシャによる遮光管理

写真5-5①　根の色に赤味が出て甘く

写真5-5②　葉がピッと立ちさわやかなグリーンに

2 濃度障害土壌のなおし方

高ＥＣで濃度障害、塩類の異常集積などと診断されると、ふつう施肥量を控えめにしたり、作を休んだりする消極的な対応がとられる。しかし、上で見たハウスホウレンソウのように、より積極的なかん水と施肥で、集積した養分も活かしながら、次の作から収量・品質をアップさせていきたい。そのために、ＥＣや塩類濃度、pHとはどういうものか、どう管理するかを見ていこう。

ＥＣとは何か？——土の養分保持力から考える

ＥＣは、土壌中の水（土壌溶液）にイオンの形で溶けている養分の濃度を示すものであるが、土の養分保持力との関係で捉えると、改善・管理の道が見えてくる。

作物栽培における土の重要な役割として、養分を保持して作物の吸収に応じて供給するという働きがある。この働きをする本体が、粘土と腐植が結合してできている微小な土の粒子＝コロイドだ。コロイドの表面はマイナスの電気を帯びていて、プラスイオンの養分、すなわちアンモニア態チッソと、塩基（石灰、苦土、カリ）を吸着・保持する（図5―3）。この養分保持・供給力の高さが塩基置換容量（陽イオン交換容量、CEC）で、単位はme／一〇〇g（ミリグラム等量）で示される。

CECの大きさは土の種類によって一〇以下のものから三〇以上のものまであり、一般にCECが大きい土壌ほど収量が高い。CEC一〇の土が保持できるチッソは最大で一〇aあたり二八kgなのに対して、CEC三〇の土は八四kgも保持できるからである（図5―3下）。塩基を保持する力についても同様である。

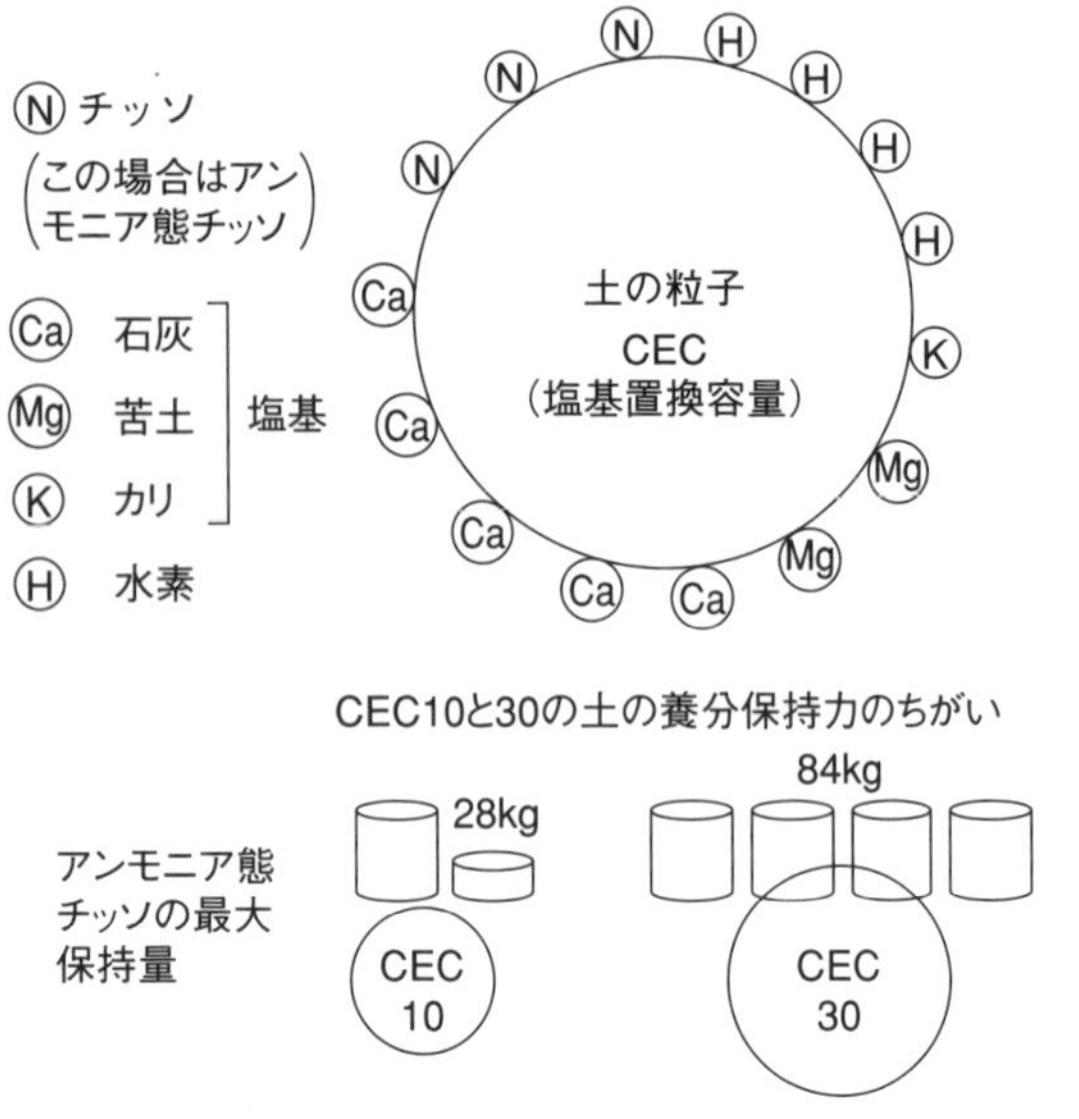

図5-3　土のCECで肥料の保持力がちがう

CECはこのように、肥料をどれだけ施すことができるか、その器の大きさを表すものである。そして、器の大きさを超えて大量の施肥が行なわれると、水（溶液）の中に養分があふれ出してくる。溶液中のチッソや塩類などの養分濃度が異常に高まった状態が、高ECである。

CECの大きい土はECが高まりにくい。CECを高める基本資材は、土に腐植を供給してCECの高いコロイドをつくるのに役立つ完熟良質堆肥と、高いCECをもつ粘土鉱物（クリノプチロゼオライトなど）である。

高EC対策は、水と堆肥の組み合わせで

これまで、ECが異常に高い場合、ふつう、水で洗い流す除塩対策がとられてきたが、流し去るだけではもったいないし、環境汚染にもつながる。より基本的には、CECを増強して、溜まった養分の有効化・再利用をはかることが大切である。

ハウスホウレンソウの例で、はじめ

に気相率一六%まで積極的かん水したおもなねらいは洗い流し=除塩である。このときのかん水量は、

現状の気相率三六・七%−目標気相率一六・〇%=二〇・七%

から、一〇aあたり約二〇tという量となった。同時にこの大量かん水で、石灰などの養分をいったん下層に移動させておいて、そのあと、CEC増強対策と最適気相率二四%管理で、再利用をはかるというねらいもある。

このように、高EC対策には除塩とCEC増強の二つの組み合わせが必要である。ホウレンソウの第一段階では、除塩に続いて気相率二四%維持するかん水を続けたが、この水に、土壌中の有機物の腐植化を促進してCECを高める効果のある資材（112ページ、「レストST−一〇〇〇」）を加えた。さらに第二段階で、最適水管理に必要な完熟堆肥を施してCECを増強させている。

3　pH改善の基本——塩基飽和度との関係でとらえる

ホウレンソウの例では、水と堆肥を中心とした処置によって、ECや硝酸態チッソという養分吸収環境が大幅に改善されていった。と同時に、pHという養分吸収環境もホウレンソウの好みにあってきた。その仕組みを次に考えてみよう。

pHは酸性害という面だけでなく、土の養分保持力CECおよび塩基飽和度との関係で捉えると、改善の道がハッキリする。

pHの裏に塩基飽和度あり

CECの数字は、養分がすわる座席数を示していると考えることができる。塩基である石灰・苦土・カリが座席の何%をうめているかを示すのが、塩基飽和度である（図5−4）。石灰・苦土・カリがたっぷり施され、座席がすべてうめ尽くされていれば、塩基飽和度一〇〇%である。これを大きく超えて一五〇%とか二〇〇%となるのは、肥料の施しすぎの結果であり、それが高ECをもたらしていることが多い。

塩基飽和度は、生産物の品質に強く影響し、低くすぎても多すぎても品質が低下する。作目ごとに適した塩基飽

和度があり、野菜の多くは八〇％前後（七〇～九〇％）、果樹ではブドウが八〇％と高めのほかは、五〇～八〇％である。お茶は低く、二五～四〇％である。

そして、ここで大切なのは、塩基飽和度とpHの関係である。CECの座席には、塩基とアンモニア態チッソがすわるが、席がうまらない分には水素イオンがすわる。この水素イオンが土の酸性をもたらすわけである。そのため、塩基飽和度が低い土はpHが低く酸性を示す。図5-4に示すように、塩基飽和度が六〇％ならpH五・五、八〇％ならpH六・五、一〇〇％なら七・〇という裏表の関係がある。

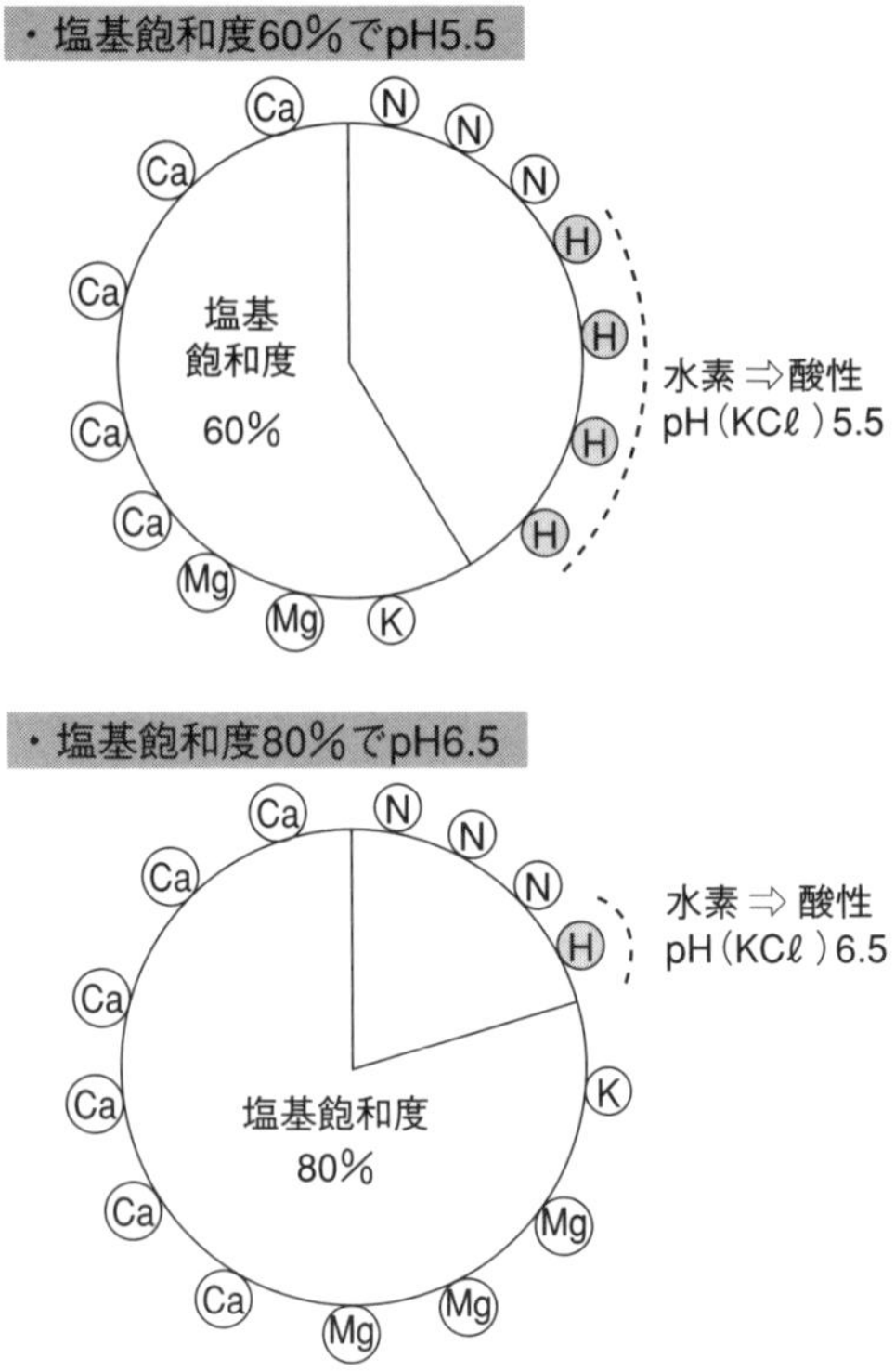

図5-4　pHは塩基飽和度で見る

作物に適した塩基飽和度にすることが基本

したがって、作物にとって最適な塩基飽和度（96ページで述べる塩基バランスをとりながら）となるような施肥を行なうことが第一である。その結果としてpHも改善されるというように、二重の効果を上げる施肥を行なうようにしたい。

ホウレンソウの場合、pH七・〇前後が目標になるが、これは塩基飽和度が九〇～一〇〇％で維持されればよいことになる。本章で例にあげたホウレンソウのハウスの土壌は、当初塩基飽和度が一六三・六％にも高まっていた。このような高さでは、pHを調節することができない。それが、上記のような①積極的かん水による除塩、②最適気相率の維持、③腐植化促進によるCE

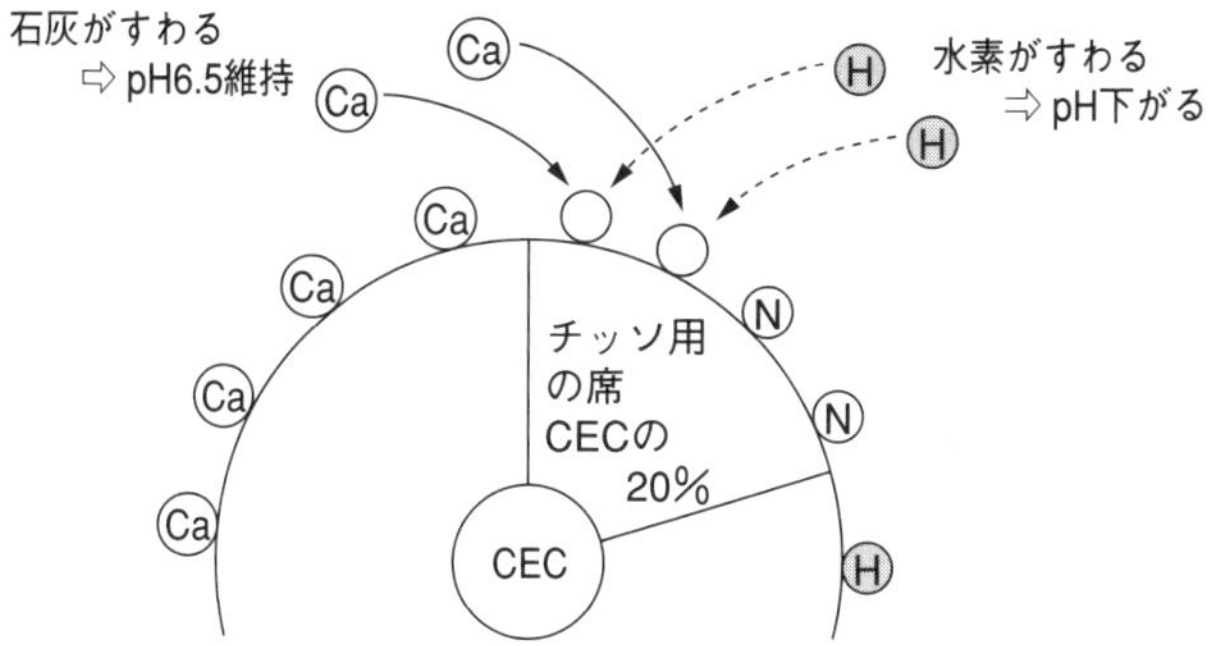

図5-5　好適pHの維持
――チッソの空席を石灰でうめる

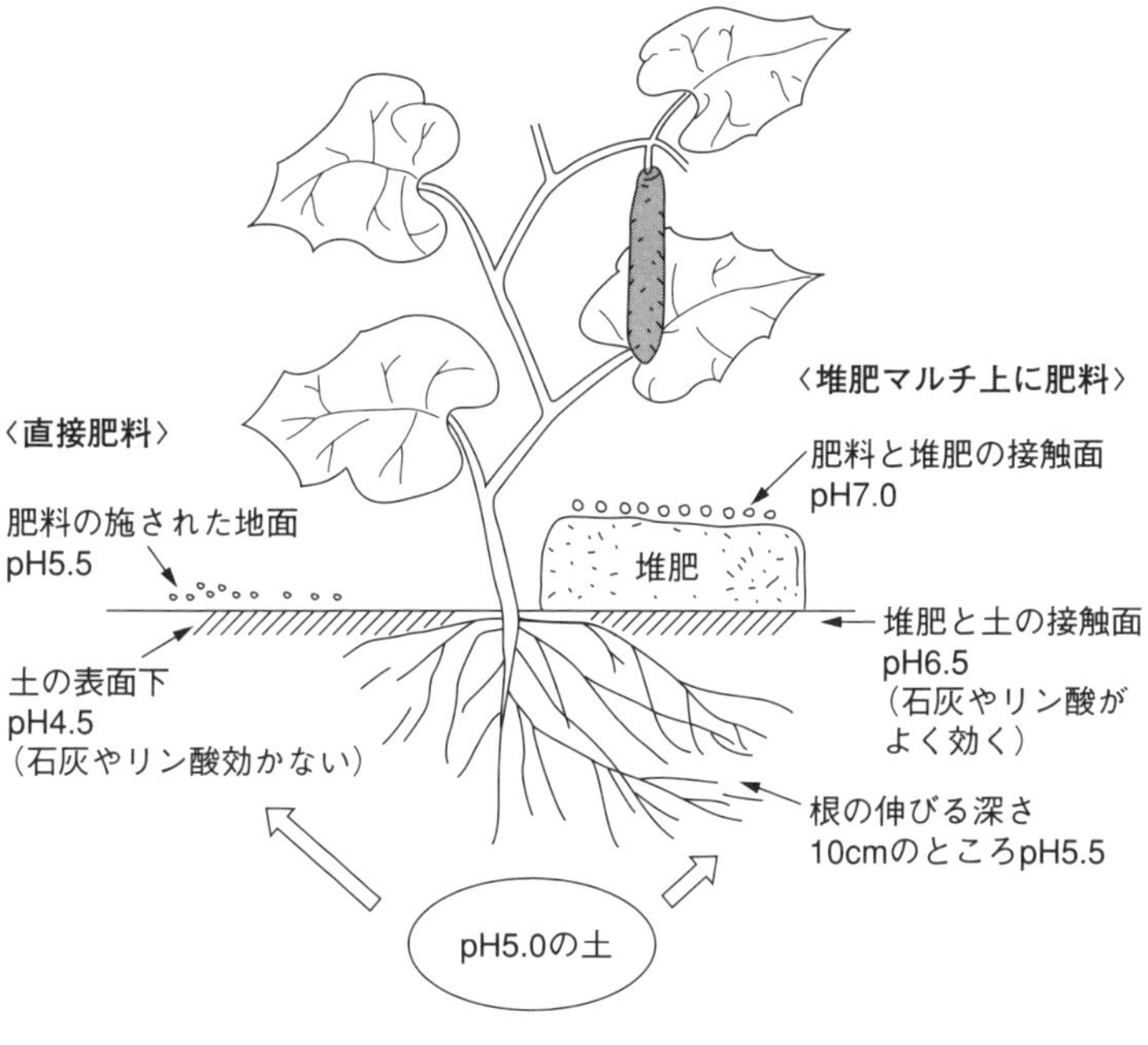

図5-6　堆肥マルチで好適pHの土づくり

C増強によって、塩基飽和度が八九・八％になった。この反映として、pH六・六というホウレンソウに適した値になってきたわけである。

好適pH維持に「チッソ・石灰コンビ施用」、堆肥マルチ

pHの管理にとっても、「チッソと石灰のコンビネーション」が大切である。図5－5に示すように、CECの座席はチッソ用にCECの二〇％分が用意されているが、元肥や追肥のチッソ施用量では二〇％分がうまり切らない場合、その空席に水素がすわるとpHが低下する（酸性化）。そこで、水素でなく石灰がすわるように、石灰施用量を増やしてやる必要がある。これが、チッソと石灰をコンビで施用することの一つの大きな理由である。元肥も追肥もこの考え方で行なう。

また、堆肥マルチ上に同時追肥する方法は、土のpHの改善効果がある。図5－6の左に示すように、土の表面に直接追肥すると、肥料はpHが五・五と低めなため、土の表面下はさらに低いpH四・五くらいに低下し、石灰やリン酸がよく吸収されない。これに対して、pHが八・〇くらいと高い完熟堆肥（113ページ参照）をマルチして、この上に肥料を施すと、肥料と堆肥との接触面がpH七・〇くらいになり、堆肥と土の接触面はpH六・五と石灰やリン酸吸収に適した状態になる。さらにその下一〇cmほどの根が盛んに伸びる場所が、pH五・五の根の伸長に適したpHとなる。

4 思いきった施肥が可能になる

積極的な水管理と良質堆肥施用によって、ECと硝酸態チッソ濃度、塩基飽和度とpHが適正化してくると、肥料を積極的に施してバランスのとれた肥効を引き出し、高品質・健全・多収を実現することができる。

具体的には次節以降で説明するが、基本的な方針は次の二つである。

①作物が好む塩基飽和度（pH）を維持するよう、チッソとバランスのとれた石灰施用（元肥と追肥）を行なう。

②塩基バランス（石灰・苦土・カリのバランス）が作物にとって最適になるよう施す。

2「チッソ–石灰コンビネーション肥効」の高め方

1 施肥はチッソ・リン酸・カリに石灰を加えた四要素で

大型で、活力ある葉をつくる養分とは

これまでみたように、水と湿度を上手に管理し、チッソと石灰をバランスよく効かせると、葉は大きく育つ。しかも、垂れ下がってハリのない葉でなく、ピンと立ち上がってしっかりとし、色はさわやかグリーンで病気に強い葉になってくる（図5–7）。

そのため、ホウレンソウやコマツナなど葉菜類は、甘味があっておいしくなる。ダイコンやニンジンなどの根菜では、葉から根への養分を送り込む力が強いので、よく肥大しておいしい根菜ができる。果菜や果樹では、収穫につれて収量・品質が低下する「成り疲れコース」から「元気持続・連続収穫コース」へと変わる。

それは、「チッソと石灰のコンビネーション肥効」によって、収量・品質が高く、健康な体ができるからである。チッソだけでは、葉と株は大きく育っても、軟弱で垂れ下がり、病気にも弱く、収穫物の味、品質は低下する。チッソとともに石灰が効いてはじめて、大きくておいしい収穫物をつくる力をもった葉と株が育つのである。

これまで、チッソ・リン酸・カリは「肥料の三要素」として、必ず意識して施してきた。これから収量・品質・健康度を同時に高めるためには、三要素に石灰を加えた四要素で考えて、「チッソ–石灰のコンビネーション」を第一にした施肥設計を行なうことが、大切である。

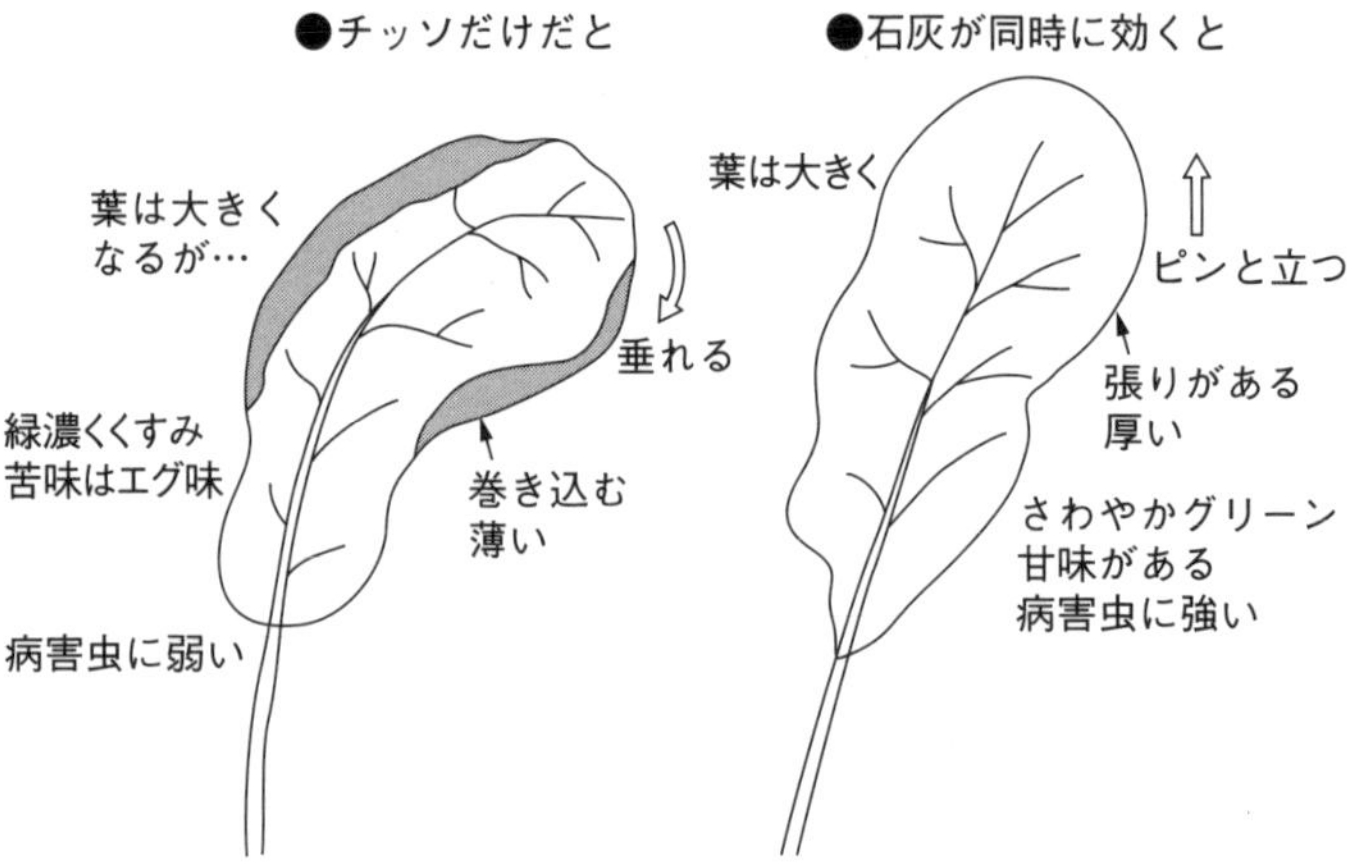

図5-7　チッソプラス石灰が効くと…

チッソの働き、石灰の働き

だれもがもっとも重要な肥料と考えるのはチッソで、これは間違いないことだ。チッソは、生物の体内でたんぱく質となり、たんぱく質は体のあらゆる組織・器官・遺伝子、ホルモンなどをつくるもとになっている。またチッソは光合成を行なう葉緑素の主成分である。

このように、チッソがあってはじめて、作物は生長し、生産物を生み出すことができる。そのため、チッソが不足すると、葉は小さく黄色っぽくなり、茎は細くなり、枝（側枝、分げつ）の発生も少なくなる。結果として、収量は上がらない。

チッソを施すと、生長が盛んになり、体内の水分含量が多くみずみずしくなる。しかし、チッソが多すぎると、成熟期に入るのが遅れて、着花・着果が悪くなり、水太り状態で倒れやすく、病害虫にかかりやすくなる。

一方、石灰は、葉や茎や根、花や果実ができるときの細胞分裂を盛んにして正常に進めるという重要な役割をしている。植物体内で、水やたんぱく質・炭水化物の移動に関係し、また丈夫な細胞壁や細胞膜の形成とその働きの維持に欠かせない養分である。つまり、正常な体の生長、およびその活力や健康の維持に大事な働きをしているわけである。石灰が効くと、葉がタテ長で大きくしっかりとし、ガクが長くなって果実が大きく育つ。

このように、石灰は作物体が高い生産能力を発揮できるようにする働きがある。

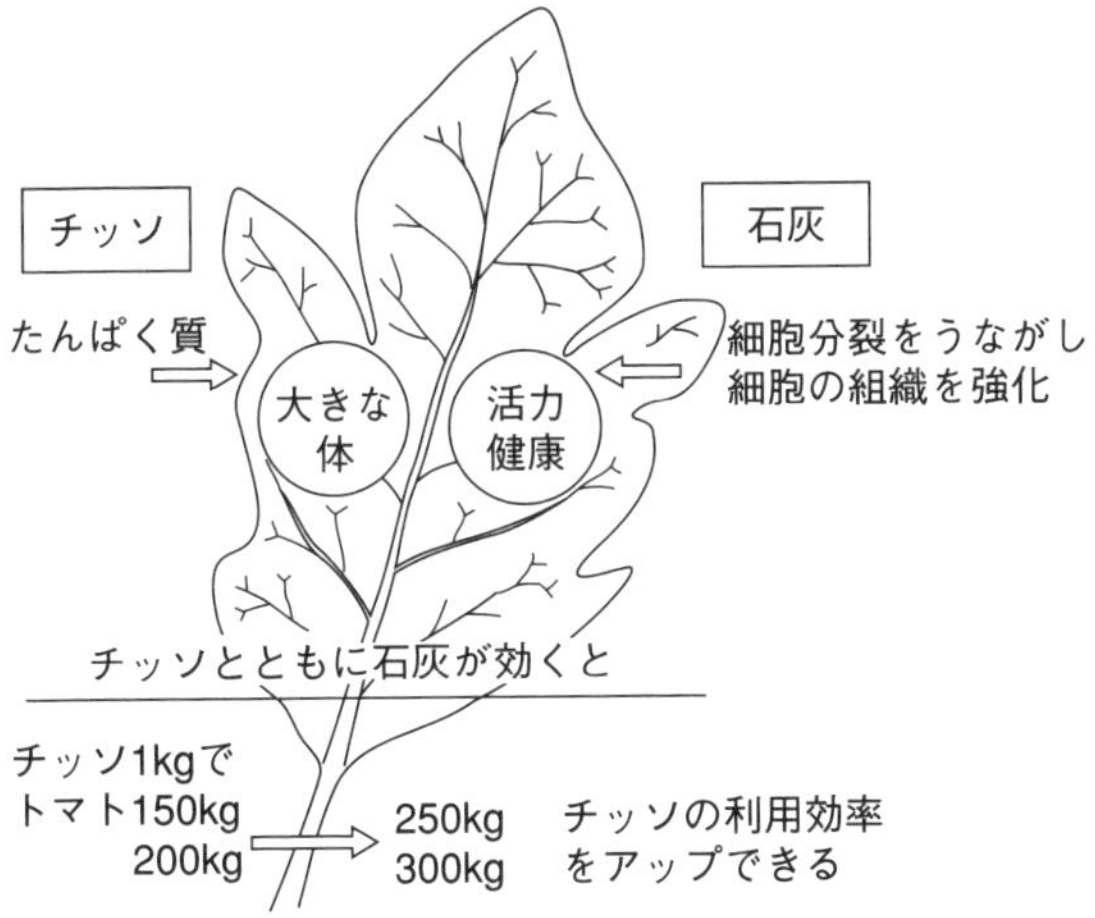

図5-8　チッソ-石灰コンビネーション肥効

チッソ肥効の裏に石灰がある

以上から、チッソは体の大きさという枠組みをつくり、石灰はその活力や健康など中身を充実させているということができる（図5－8）。このように「チッソの裏に石灰がある」こと、「チッソと石灰のコンビネーション肥効」の大切さをご理解いただきたい。

本書冒頭の序章で、チッソの利用効率について述べた。施したチッソがどれだけ生産物の収量・品質向上につながるかを左右するのが、石灰である。チッソとともに、石灰が効いていれば、チッソ一kgで一五〇kgとか二〇〇kgしか穫れなかったトマトを、二五〇kg、三〇〇kgと増やし、チッソ利用効率を八〇、九〇％へと高めていくことができる。

2　チッソと石灰の施用量の決め方

チッソでやりきれない分を石灰で

「チッソと石灰のコンビネーション肥効」を出すための、チッソ・石灰の施用量は、前節でみた土の養分保持力CEC（塩基置換容量）との関係で決まる。実際的には、苦土やカリなどほかの養分施用量もあわせて計算するが、ここではチッソと石灰のバランスのとり方をみておこう。

まず、前節の図5－3で示したように、土が保持できるチッソ（アンモニア態チッソ）の最大量は、CECの大きさによって決まる。CECの座席のうちチッソに用意されているのは最大で二〇%である。その二〇%すべてにチッソがすわった場合のチッソ量、すなわち満席状態のチッソ量は、CEC一〇の土だと一〇aあたり二八kg、CEC二〇の土だと五六kg、CEC三〇の土だと八四kgとなる。

ところが、実際の施肥では、この量をフルに施すのではなく、作物の種類や地域によって元肥チッソは一〇aあたり一五kg、二〇kgといった標準があり、これに沿って施す。追肥も同じように、作物の状況をみながら、標準の範囲内で五kgとか、三kgとかを施す。そのために、チッソ用の座席に空席ができることになる。

肥効向上とpH改善を同時に実現

このチッソの空席を石灰でうめるのが、「チッソ—石灰コンビネーション肥効」を高める施肥の考え方である。そしてこれは、前節で説明した適正pHを維持するための施肥と同じことなのである。図5-4、5を、もう一度ご覧いただきたい。空席を水素がうめると土が酸性化するのに対して、石灰でうめて酸性化を防ぎ、望ましいpHを維持するわけである。

チッソと石灰のバランスをとることは、pHを適正にして石灰・リン酸を吸収しやすくすることであり、それは同時に、塩基飽和度を作物に適したパーセントにして収量、品質を高めるのに最適な養分吸収環境をつくることでもある。

この「チッソと石灰のコンビネーション肥効」と「pH・塩基飽和度の適正化」とを同時に実現するためのチッソと石灰の施肥量は次のようになる。

元肥の計算——空席チッソ量の二倍の石灰をプラス

一〇aあたり元肥チッソ二〇kg施した場合、チッソの空席をうめるのに必要な石灰量を、図5-9に示した。CEC一〇の土だと満席状態のチッソ量が二八kgに対して二〇kg施用だからチッソ八kg分が空席となる。この空席チッソ分をうめる石灰は一〇aあたり一六kgである。CEC二〇の土だと、満席状態のチッソ量五六kgに対して元肥チッソ二〇kgだからチッソ三六kg分の空席ができ、これを埋める石灰は七二kg。CEC三〇の土だと一二八kgである。この量は図5-9に示した計算式から求められる。

なお、この場合、それぞれの土の標準的な石灰施肥（CECにおける石灰

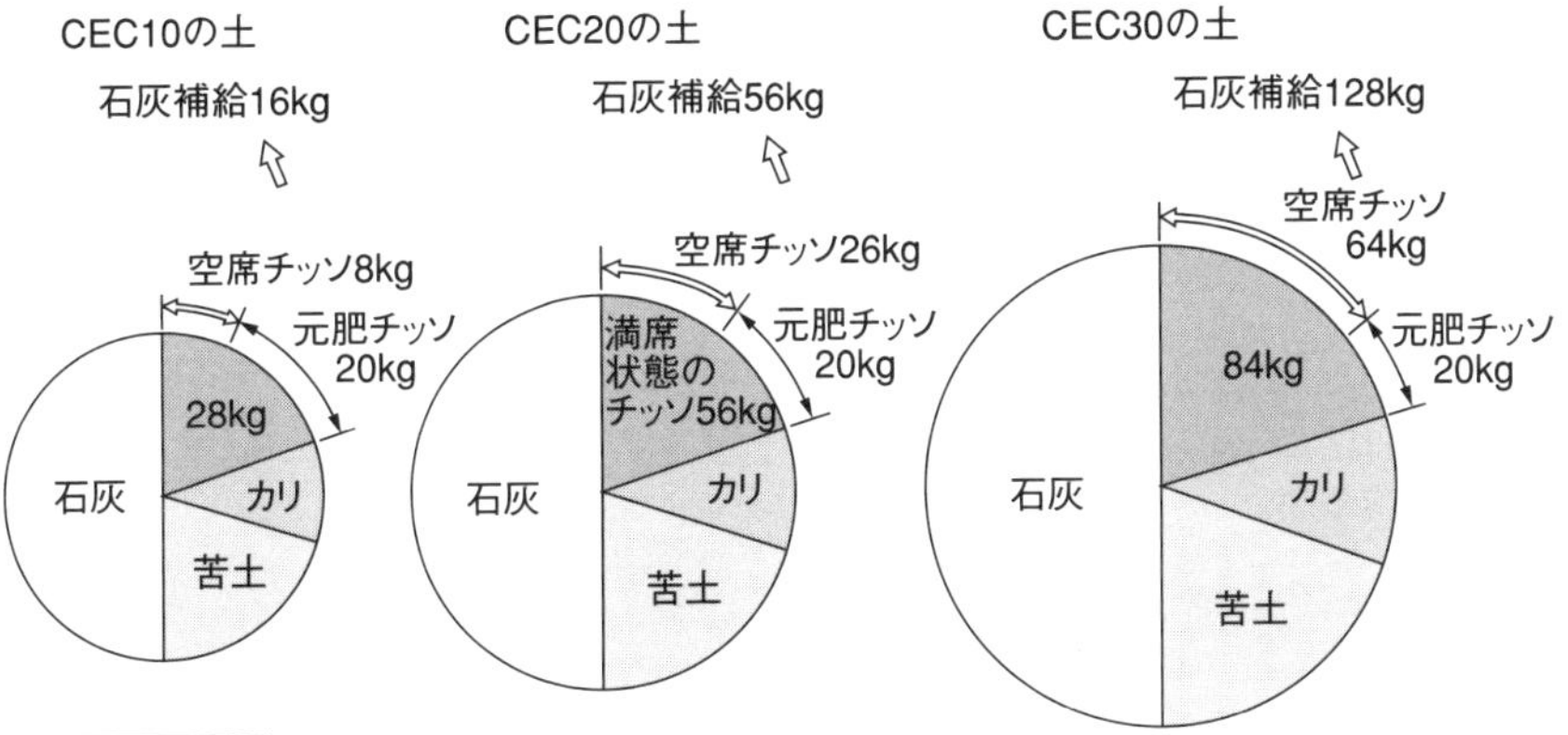

石灰の補給量の求め方	満席チッソ－元肥チッソ＝空席チッソ 空席チッソ×２＝石灰補給量（kg/10a）

※塩基飽和度80％の場合、塩基バランス5：2：1として、次の量が土中に施されている。（図5-13参照）

CEC10では石灰140、苦土40、カリ47kg/10a
CEC20では石灰280、苦土80、カリ94kg/10a
CEC30では石灰420、苦土120、カリ141kg/10a

図5-9　元肥時におけるチッソの空席への石灰の補給（単位：kg/10a）

用の席をうめるための施肥）は、この計算とは別に行なう。つまりこの計算で出た石灰量は、通常の石灰施用にプラスする分であり、石灰全体の施用量はさらに多くなる。

追肥での石灰施用量

追肥の場合も同じ考え方で、石灰でチッソの空席をうめるように、チッソと石灰を同時施用する。これが、大きく活力のある葉と株を維持して「成り疲れ」を防ぎ、栽培後半まで高い収量・品質を上げる施肥のポイントである。

図5‐9の例を引き続き題材にして、一〇aあたり五kgのチッソを追肥する場合の計算が図5‐10である。元肥にチッソ二〇kg施したときの空席をうめるための石灰は、すでに施している。そこで、

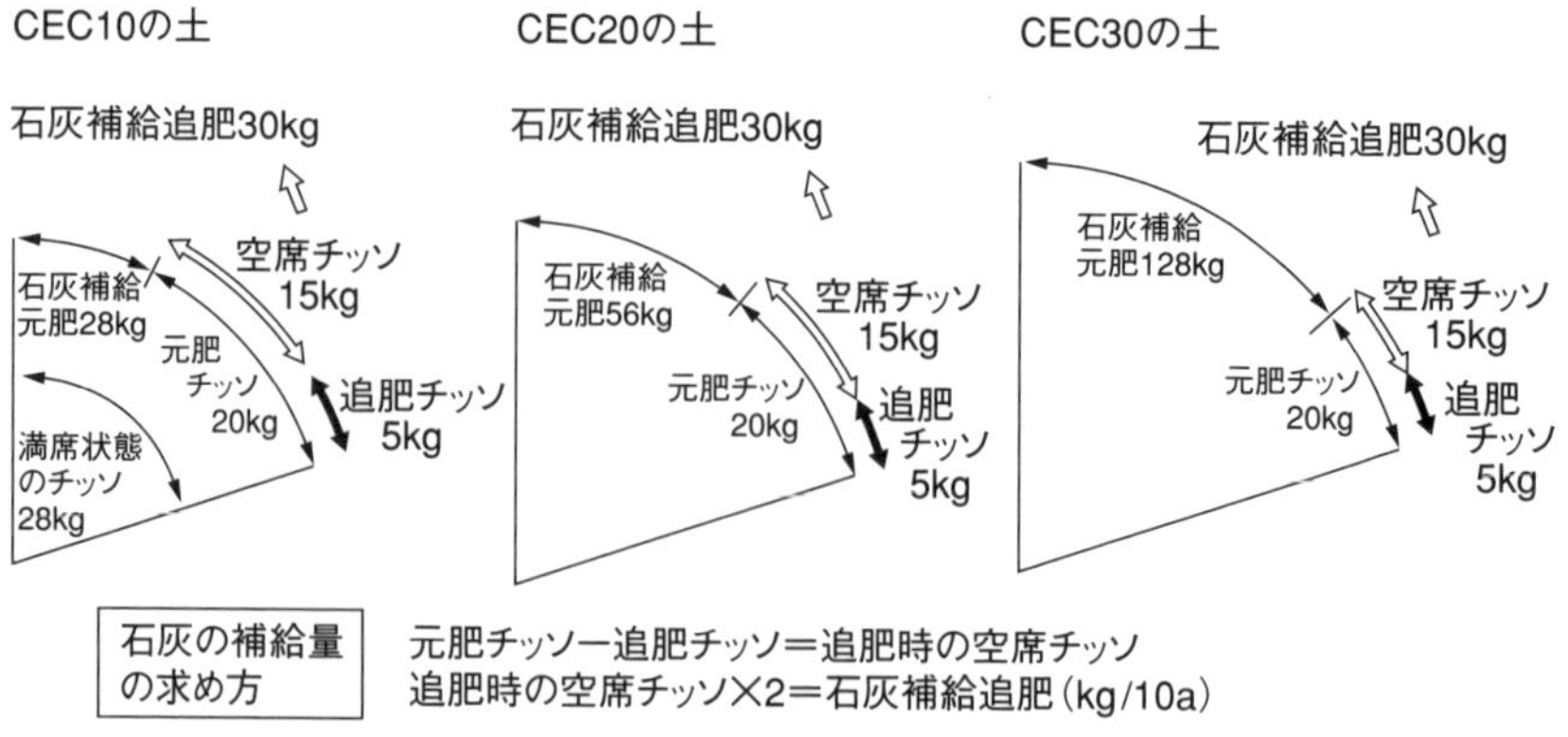

※図5-13と同じ条件のもと。塩基飽和度80％の場合

図5-10　追肥時におけるチッソの空席への石灰補給（単位：kg/10a）

元肥チッソ二〇kg－追肥チッソ五kg＝追肥時の空席チッソ一五kg

新たにできる追肥時の空席チッソ一五kg分を石灰でうめればいいことになる。これを計算すると、CEC一〇、二〇、三〇の土いずれも石灰三〇kgである。追肥は、チッソ五kg施用の場合、石灰三〇kgをいっしょに施せばよいことになる。

この例で、追肥チッソを八kgとした場合の石灰追肥量は二四kg、追肥チッソを二kgとした場合の石灰追肥量は三六kgとなり、元肥チッソと追肥チッソの重量差のおよそ二倍の石灰を施せばよいことになる。

追肥時の空席チッソ × 二＝石灰補給追肥（kg／一〇a）

ただしこれは、元肥時にチッソの空席および石灰用の席を、十分石灰でうめているという前提で成り立つ計算である。

3 養分バランスをよくして品質向上

1 養分全体のバランスをとる

それぞれの養分の働き

「チッソ–石灰コンビネーション肥効」は、収量を向上させる器の大きさと、その能力のベースをつくるものである。その器と能力を活かして、生産物の品質をさらに向上させるものは、チッソ、石灰に、リン酸、苦土、カリも合わせた養分全体のバランスである。

そこでまず、養分の働きを再整理しておこう。

チッソ＝作物の体を大きくし、収量・品質を高める枠組みをつくる。

石　灰＝チッソとともに大きな体をつくり、その活力や健康を維持し、花器・果実の発達のもとをつくる。

リン酸＝細胞分裂と、呼吸・光合成作用に関係して作物の体質を強くする働きがある。またとくに健康な根を発達させて養分吸収のバランスをよくし、花器の発達と種子形成を促して果実発育のもとをつくる。

カ　リ＝体内でのたんぱく質や炭水化物の合成、水分の蒸散などと関係しており、果実や根の肥大を促進する働き、病気に強い体をつくる働きをする。

苦　土＝葉緑素の構成要素であるから光合成を営む植物にとって不可欠である。また、体内でのリン酸の移動・利用に重要な役割をしている。

養分不足による品質低下――果実、葉の見方

イチゴを例に、養分欠乏の果実の品質への影響を図5–11に示した。ガク

が小さく、果実も全体に小型で味も悪いのは石灰の不足、種子形成が悪いと果実がゆがんだり、曲がったりするが、これはリン酸不足、着色の悪いのはリン酸の吸収が悪いためで、その裏に苦土の不足がある。果実の肥大が悪くて、中に空洞やザクザクした食感の白い部分ができるのはカリの不足である（写真5－6）。

葉では、図5－12のように、小型化して黄色くなるのはチッソ不足、丈が短く小型化するのは石灰の不足である。苦土が不足すると幅が短くなる。

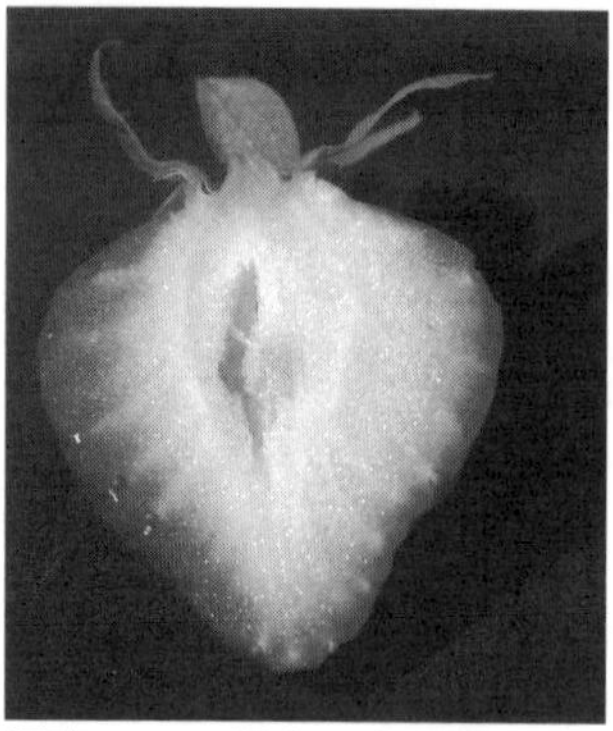

写真5－6　果実の心の空洞
カリの不足

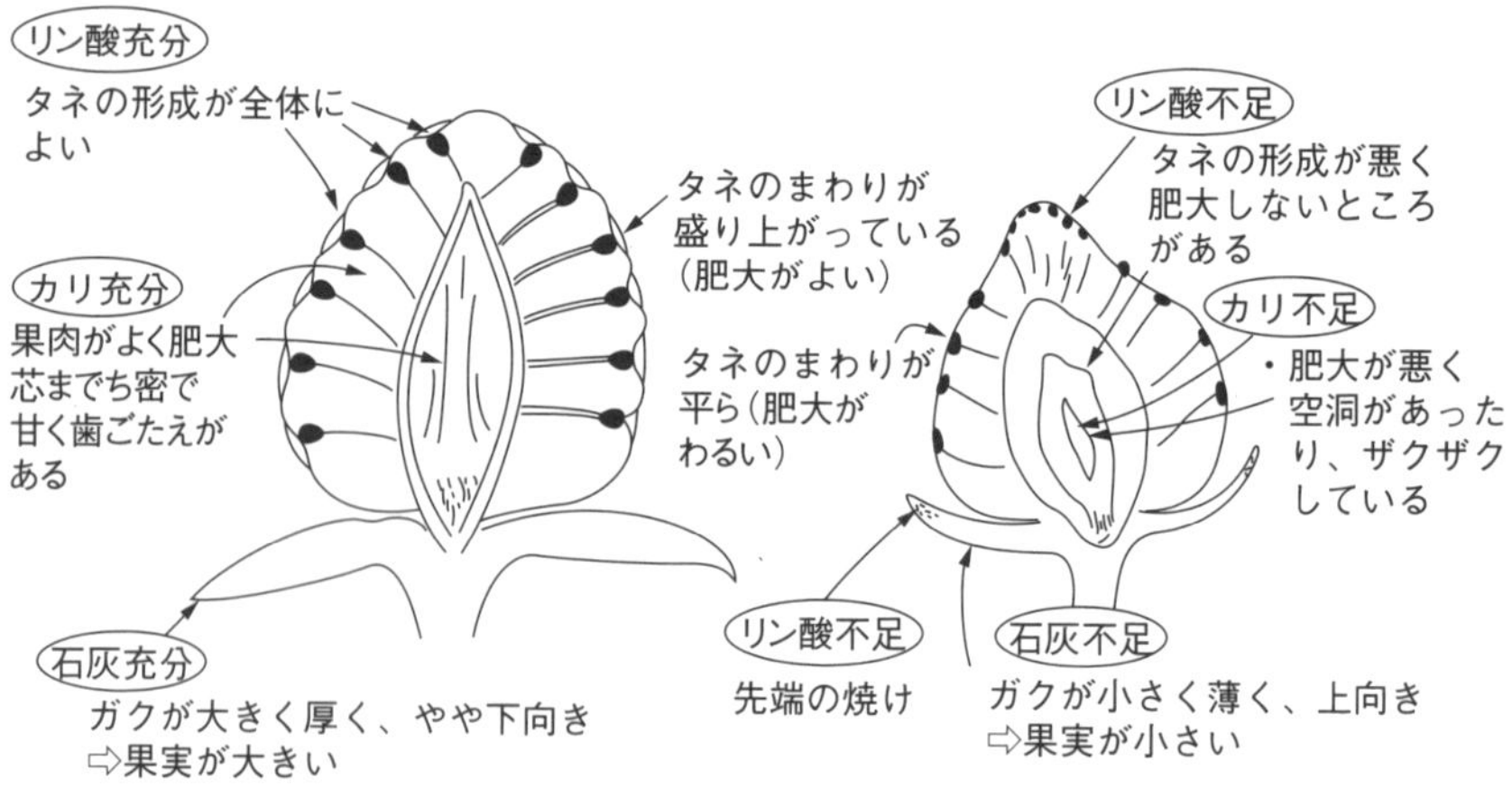

図5-11　養分欠乏の果実への現われ方（例：イチゴ）

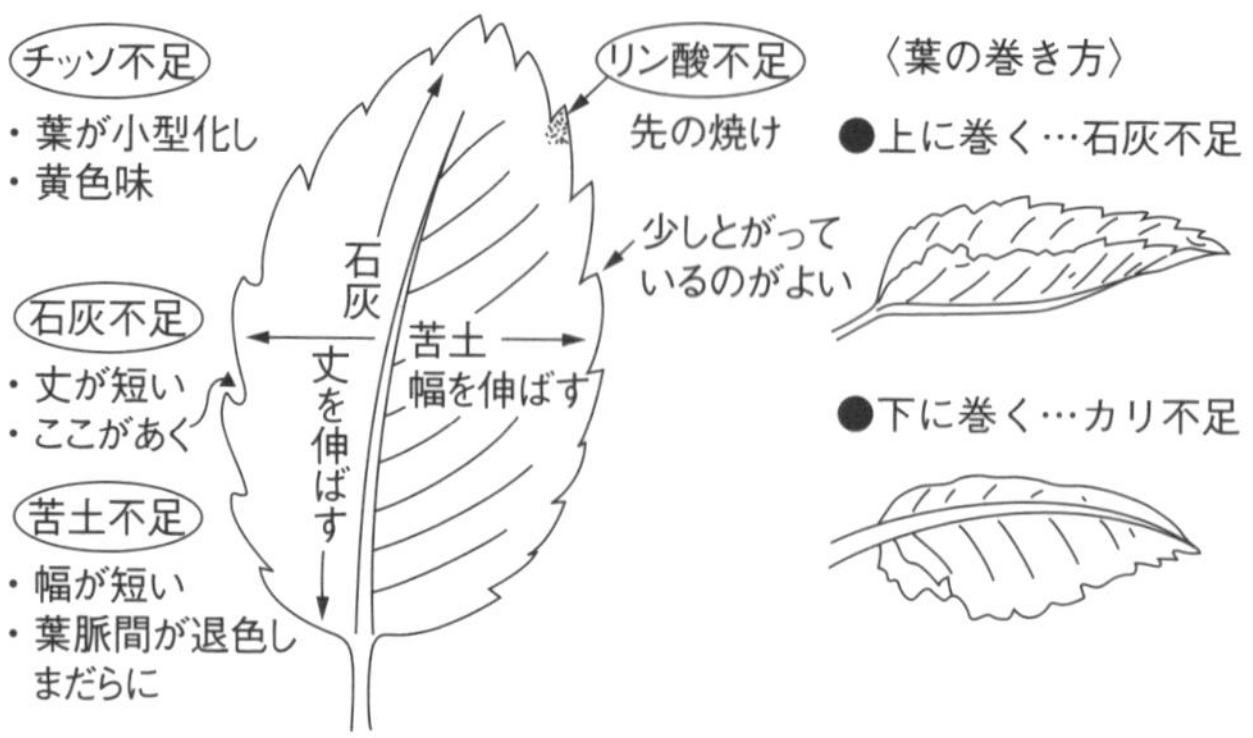

図5-12　養分欠乏の葉への現われ方

また、葉脈間が黄色くなってまだら模様となるのは苦土の不足である。

葉がピッと張っているのが養分バランスよく元気な状態で、上向きに巻くのは石灰不足、下向きに巻くのはカリ不足である。上向きに巻いた葉の縁が下にそるのは石灰とカリの同時不足である。葉の先端や、縁のぎざぎざの先が尖りぎみなのがよい状態で、先が茶色がかって焼けたようになるのはリン酸不足である。ガクの先の焼けもリン酸不足、ただしガクが短くて先が焼けている場合は石灰の不足、長くて先が焼けているときは苦土が不足している（写真5−7①②③④）。

「成り疲れ」状態になると、このような果実や葉の症状が単独または複合して現われるので、つねに注目して、水と湿度を十分に与え、バランスのとれた施肥を行なう。

写真5-7①　石灰不足のトマト
葉が小型化し上向きに巻く。ガクも丸まる

写真5-7②　石灰・カリの同時不足
上向きに巻く（石灰不足）、縁が下へそる（カリ不足）

写真5-7③　リン酸不足のサイン
うろこ状に盛り上がる

写真5-7④　苦土不足
葉脈間が退色して、まだら状に

2 養分バランス施肥の考え方

施肥計算の手順

チッソ、石灰、苦土、カリ、リン酸の養分バランスをとって、肥効を高める考え方と肥料設計の手順は次のとおりである。前節までに解説したキーワードも使いながら説明するので、詳しくは該当ページを参考にしていただきたい。

①土の養分保持力、CEC（塩基置換容量）の数値を明らかにする。CECはミリグラム等量、me／一〇〇gで示される（CECについては82ページ参照）

②CECに占める石灰・苦土・カリの合計値の割合が塩基飽和度である。これは作目ごとに、収量・品質を高めるうえで最適な数値（％）があるので、それを基準に施肥設計する。果菜類では八〇％が多く用いられる（塩基飽和度について83ページ参照）。

③石灰、苦土、カリの比（ミリグラム等量の比）が塩基バランスである。どの作目でも、塩基バランスが石灰五・苦土二・カリ一という条件のときに、生産物の品質がもっともよくなる。それは、各塩基がバランスよく吸収されるのと同時に、リン酸の吸収・利用もよくなって、体質強化にもつながるからである。

そのため塩基バランスを五：二：一にあわせるのが、施肥設計の基本である。

図5‒13のように、塩基飽和度八〇％の場合は、CECに対して石灰五〇％、苦土二〇％、カリ一〇％、塩基飽和度六〇％の場合は、それぞれ三七・五％、一五・〇％、七・五％となる。二つの場合の一〇aあたり養分量を、図5‒13の下に示す。

④チッソは、CECの二〇％を上限として地域・作目の標準施用量に沿って施す。そのときに生じるチッソの空席をうめるための石灰量を計算して、③を補正する（89ページ参照）

⑤リン酸は、地域・作目の標準的な施用量を施す。土に過剰に溜まっている場合は、苦土の施用で吸収・利用を促す（「リン酸‒苦土コンビネーション」については99ページ参照）。

⑥以上から計算した値が、作物にと

って最適な「目標値」、すなわち、タネ播き・植え付け時に、土壌中にこれだけあるようにしたいという数値なので、土壌中に前作の残り養分がある場合は、施用量は次のように差し引き計算する。

目標値－土壌中の残存量＝施用量

施用量がプラスの場合…その量を施す

施用量がマイナスの場合…施用を控え、残存養分の吸収・利用を促進する手を打つ（以上、詳しくは『新しい土壌診断と施肥設計』農文協刊を参照）。

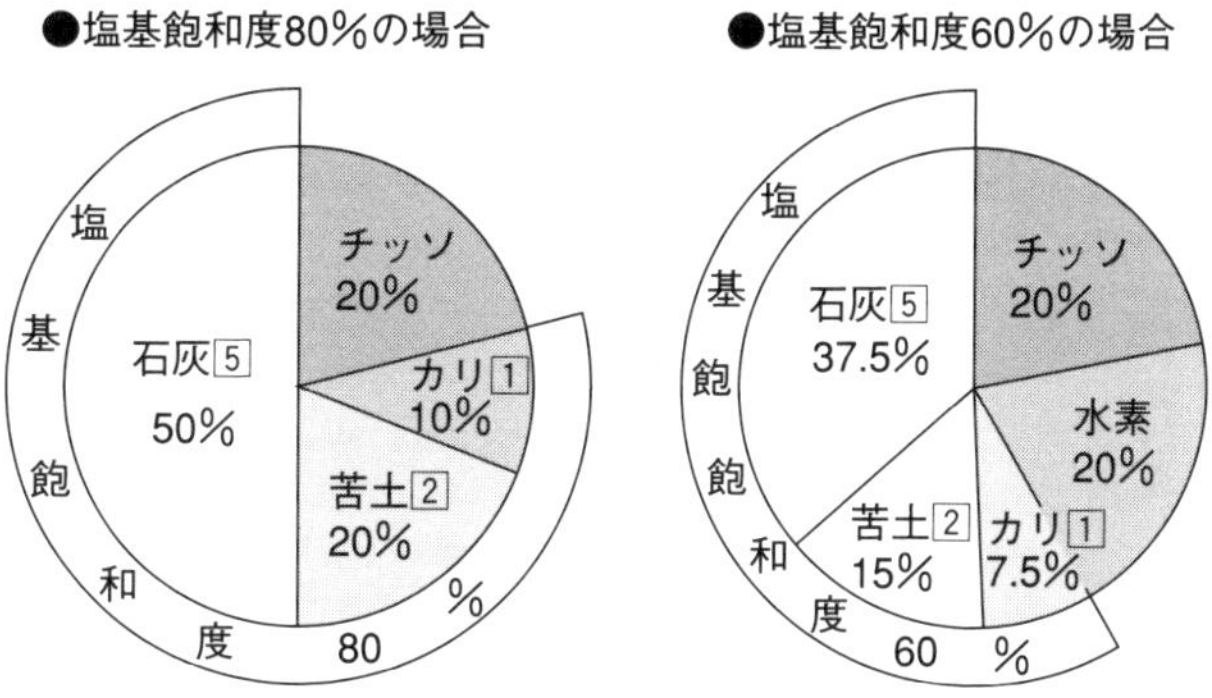

CEC20の場合の、各養分の量（kg/10a）

石灰	280	石灰	210
苦土	80	苦土	60
カリ	94	カリ	70.5

図5-13　塩基バランス 石灰5：苦土2：カリ1にあわせる

施用量のもとめ方（表5－2、3）

表5－2の土壌分析結果に対して一連の計算を行なうと、表5－3のようになる。

塩基飽和度八〇％で、塩基バランスが石灰五：苦土二：カリ一となるために必要な養分量を求めると、表5－3③に示すように、石灰二八〇mg／一〇〇g、苦土八〇mg／一〇〇g、カリ九四mg／一〇〇gとなる。一mg／一〇〇gは、一〇aあたりに換算すると一kgである（深さ一〇cmまでの土の量）。

表5-2　土壌分析結果の例

単　位		分析値	標準値
pH （H_2O）		6.2	6.0〜6.5
EC　ms/cm		0.2	0.4〜0.6
CEC（塩基置換容量）	me/100g	20.0	20.0〜36.0
アンモニア態チッソ	mg/100g	1.0	8.0〜10.0
硝酸態チッソ	〃	2.0	10.0〜15.0
有効態リン酸	〃	150	45〜100
置換性石灰		290	245〜504
置換性苦土		60	70〜144
置換性カリ		55	82〜169
塩基飽和度	%	73.0	70.0〜80.0
腐植	%	4.5	3.0〜5.6

表5-3　塩基バランス施肥の計算例（表2の土壌に対して）

①土壌の状態

CEC：20me/100g

チッソ残存量：アンモニア態4.0＋硝酸態2.0＝6.0mg/100g

塩基残存量：石灰290mg/100g、苦土60mg/100g、カリ55mg/100g

1me/100g（ミリグラム当量）：石灰28mg/100g、苦土20mg/100g〕、カリ47mg/100g、チッソ14mg/100g

②現状の塩基飽和度の計算

$$\left(石灰\frac{290}{28}+苦土\frac{60}{20}+カリ\frac{55}{47}\right)\div CEC20\times100=73.0\%$$

③塩基＝石灰・苦土・カリの施用量の計算

［A］塩基飽和度80％で塩基バランス5：2：1となる養分量

石灰 5/8　苦土 2/8　カリ 1/8とする

〈計算式〉CEC×塩基飽和度×塩基バランス×1ミリグラム当量

石灰　20×0.8×5/8×28＝280mg/100g
苦土　20×0.8×2/8×20＝80mg/100g
カリ　20×0.8×1/8×47＝94mg/100g
…③A

［B］10a当たり施用量（1mg/100g ⇨1kg/10aとする）

〈計算式〉残存量（分析値）－③A

石灰　280－290＝－10kg/10a 過剰（施さない）

苦土　80－60＝　20kg/10a 不足（施す）

カリ　94－55＝　39kg/10a 不足（施す）

④塩基の空席を埋めるための石灰施用量の補正

元肥チッソの施用量20kg/10aとする

［A］チッソの空席のCECに占める割合の計算

・元肥チッソ20kgの割合

$$CEC20\times\frac{x}{100}\times14=20kg/10a(mg/100g)\qquad x=7.1\%$$

・空席分の割合

20－7.1＝12.9％…④A

［B］石灰施用量の補正（石灰5/8＋チッソ空席の埋合せ分）

〈計算式〉CEC×（塩基飽和度×塩基バランス＋④A）×1ミリグラム当量

$$20\times\left(0.8\times\frac{5}{8}+0.129\right)\times28=352kg$$

352－残存量290＝62kg/10a不足（施す）

⑤補正後の塩基飽和度、塩基バランスの計算

［A］各塩基のミリグラム当量

石灰　352÷28＝12.6me/100g
苦土　80÷20＝4.0me/100g
カリ　94÷47＝2.0me/100g
…計18.6me/100g

［B］塩基飽和度

18.6÷20＝93.0％

［C］塩基バランス

石灰 $\frac{12.6}{18.6}=6.8$　苦土 $\frac{4.0}{18.6}=2.2$　カリ $\frac{2.0}{18.6}=1.1$

石灰が大きくなり、6.2：2：1に

これらから、土壌中の残存量（土壌分析値）を差し引いて施用量を求めると、石灰は一〇kg過剰であるから施用を控える。苦土とカリはそれぞれ二〇kg、三九kg不足だから、この分を施す。

次に、「チッソ-石灰コンビネーション肥効」のために、チッソの空席をうめるための石灰を含めた全石灰必要量を補正計算すると、④のように一〇aあたり三五二kgとなり、土壌中の残存量を差し引くと、六二kgの施用となる。

このときの、塩基飽和度を求めると、⑤のように九三％に上昇する。また塩基バランスは、石灰六・二：苦土一：カリ一と、石灰の比が大きくなる。

これまでの多くの施肥改善の経験から、長期にわたって収穫するハウス果菜のように、開花・肥大・収穫を繰り返すなかで「成り疲れ」しやすい栽培では、「チッソ-石灰コンビネーション肥効」が持続する必要があるので、塩基飽和度を標準より高めに設定するほうが、収量・品質がよくなるケースが多い。また、塩基バランスは、石灰をこの例のように高めの六とか七に設定し、六・五：二：一のように計算するのが効果的である。

リン酸の肥効を高める土の比重と水の管理

リン酸は、土壌の特性と作目にあわせて示される地域の標準によって施す。ただし、上記のように、ハウス果菜などで塩基飽和度を高めにして、塩基バランスの石灰を多めにするといった積極的な対応をして、収量・品質を高める場合は、リン酸を標準の範囲の高いほうで施すようにしたい。

また、3章で述べたように、リン酸が吸収されにくく効果の上がらない土（リン酸吸収係数の高い土）は、比重が軽く、保水性の悪い土である場合が多い。そこで、リン酸を十分施しているのに効果がない場合、比重を高める改善をする。すぐにできることは鎮圧である（47ページ参照）。よく鎮圧して土を締めてやり、タップリかん水する。

さらに長期的・根本的には比重の重いゼオライト（クリノプチロライト）を施して比重を上げ、良質堆肥施用で保水性を高める。

溜まったリン酸を活かす苦土施肥（リン酸-苦土コンビネーション）

また、これまでの施肥で、リン酸が過剰に土に溜まっている圃場も多い。そのような場合には、苦土を施すことで過剰リン酸の吸収・利用を促進する

ことができる。目安として、過剰リン酸の三分の一の苦土を施す。表5－2、3の例では、

リン酸残存量一五〇－標準範囲上限一〇〇＝過剰リン酸五〇kg／一〇a

となり、三分の一の約一八kgの苦土施用となる。この例で、塩基バランスから計算される苦土施用量は二〇kgだから、これでリン酸吸収・利用促進効果も上げることができる。

このような苦土施用はあくまで、リン酸が過剰な場合に有効な手段である。それ以外に、苦土を多量施用すると、石灰吸収が妨げられるなどの問題が生じるので、土壌分析にもとづいた塩基バランスの計算によって実施することが大切である。

石灰－カリは交互に効くように

先に図5－11で、イチゴ果実の肥大・品質のよしあしと養分過不足について説明した。さらに、この図によって「石灰とカリのコンビネーション」について考えてみよう。

チッソとともに石灰がよく効くと、葉が大きくしっかり育ち、花器・ガクがよく発達して、大きな果実を実らせる素質ができる。

そうしてできた素質を活かして、果実を肥大・充実させるときに働くのがカリである。石灰が効きカリも十分効くと、よく肥大して芯まで色づき、タネが埋もれるほど果肉が盛り上がって張りのあるイチゴができる。カリが不足すると、肥大が悪く、芯に空洞ができたり、白い部分が残ったりして品質を落としやすい。また、タネの周りの盛り上がりがなく、平坦でタネが浮き出た格好になる。果肉・果皮の張りが悪いので、軟化しやすく、灰色かび病などかびが付きやすくなる。

ついで、果実に甘味がのる成熟期には、石灰が働く。このように、石灰が効いてカリが効き、また石灰が効くという「石灰－カリのコンビネーション

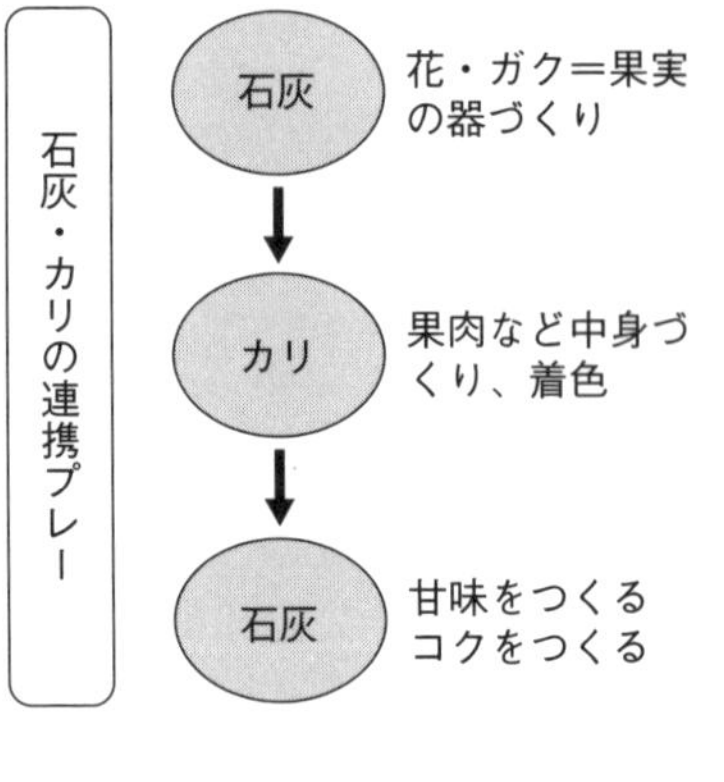

図5-14　石灰－カリコンビネーション肥効

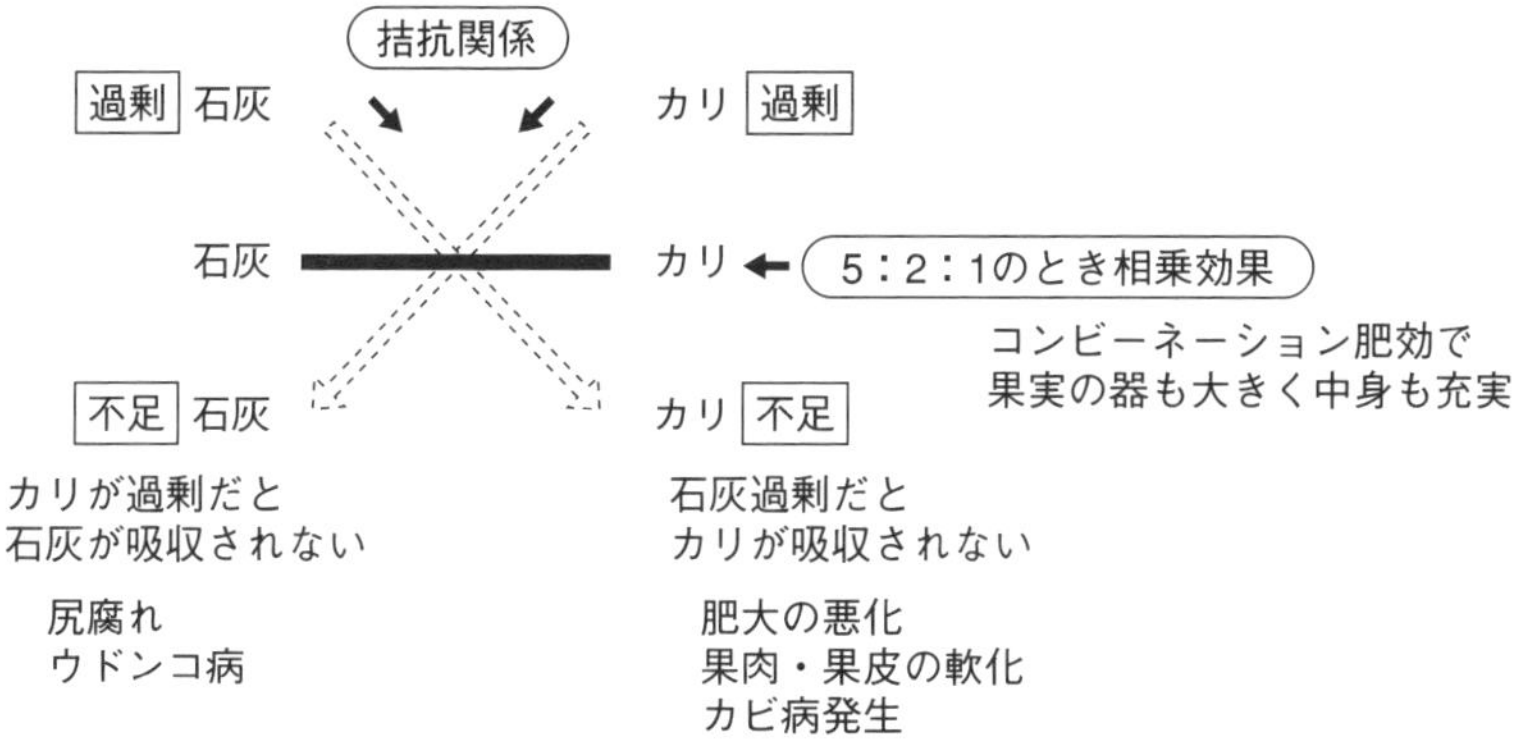

図5-15　石灰とカリの相乗関係と拮抗関係

肥効」が順調に繰り返されることが、果菜類ではとくに大切である（図5－14）。

ところが、石灰とカリの間には、石灰の作用とカリの作用が合わさって大きな効果が現われる相乗関係と、石灰が過剰のためカリが吸収されない、あるいはカリが過剰のため石灰が吸収されないという拮抗関係がある（図5－15）。ほかの要素間でも同様である

要素間のコンビネーション肥効で相乗効果が現われるようバランスをとるのが、養分バランス施肥である。石灰とカリの関係でみると、石灰五：カリ一（あるいは石灰六～七：カリ一）のバランスを元肥時、追肥時につくり出すような施肥を行なう。

3 養分バランスの診断と対策
――汁液濃度で管理

チッソと、塩基・リン酸とのバランスを見る

水と湿度の環境を改善し、「チッソ－石灰」「石灰－カリ」などの養分バランスのとれた施肥を行なうと、収量・品質のレベルが高まってくる。それに連動して、作物の養分吸収・利用量が増えるため、肥料養分の不足もおこりやすい。

そのため、年々の土壌分析・診断を行なって施肥設計するが、さらに、栽培中にチッソに対して石灰が不足して

いないかなど養分バランスの診断を実施して、追肥や収穫量のコントロールを行なう。

序章で述べたように、チッソを効率的に効かすことが施肥の最大の目的である。チッソは、作物の体のあらゆる組織・器官をつくるたんぱく質のもとであり、体のボリュームを大きくして収量を高める。そのチッソ肥効を、軟弱徒長的でなく充実した組織・器官の形成に向かわせ、収穫物の品質や健康さを高めるのが塩基（石灰・苦土・カリ）であり、その全体のバランスをとって効果を高める役割をリン酸が担っている。

したがって、養分バランスの診断のポイントは、チッソと、塩基とリン酸とのバランスである。養分の不足、バランスの乱れは、図5−11、5−12、写真5−7で示したように、葉や果実に現われるので、これらを日常的に観察する。

汁液濃度（糖度）でチッソの効きを判断する

筆者は、糖度計（正しくは屈折計、ブリックスメーター）による汁液濃度（糖度）測定を、作物の栄養状態の診断の重要な手段にしている（詳しくは、『新しい土壌診断と施肥設計』『絵で見る おいしい野菜の見分け方・育て方』を参照）。

汁液濃度は、わき芽や葉、ツルなどの汁液を絞り出して糖度計で測る（写真5−8）。

これをふつう「糖度」といっているが、測っているのは糖分だけではなく液に溶けている物質全体なので、筆者らは「汁液濃度」または「養分濃度」と呼ぶ。そして、汁液濃度から読みとるものは、第一にチッソの濃度である。チッソがほどよく吸収され、体内で光合成やアミノ酸合成が活発に行なわれ、収量が高く、品質がよくて美味しく、病害虫も発生しにくい状態のときの汁液濃度は、四、五度である。

このときには、石灰などの塩基、リン酸もバランスよく吸収されているとみてよい。

写真5-8　屈折計は養分バランス施肥に欠かせない

汁液濃度が三度とか二度に落ちているのはチッソ不足であり、作物は葉も株も小さく収量が上がらない。アブラムシなどの害虫が発生してくる。土の乾燥、低湿度が助長している。

逆に六度とか七度と高いのはチッソ過剰である。体内に硝酸態チッソなど未消化チッソが溜まった状態で、着花不良や落果を招き、品質・味が低下する。また葉かび病・灰色かび病・褐斑病などの病気が増えてくる。土と空気の過湿が助長している。

汁液濃度で養分バランスを判断する

汁液によって、石灰・苦土・カリなどの塩基やリン酸の肥効を判定することができる。たとえば、キュウリの収穫後に切り口から出る汁液が早く固まってダラリと垂れ下がるようだと養分のバランスがよく、液が水っぽくポタポタと落ちるようだと、塩基・リン酸が不足している。また、糖度計を覗いて、青と白の境界がハッキリと見えるときはチッソと塩基・リン酸とのバランスがとれている（写真5－9）。逆にぼやけている場合は、塩基・リン酸が不足している。

汁液濃度の上昇・下降のリズムが大切

次に大切なのは、汁液濃度は、作物が吸収した肥料養分と、作物が生長・開花・肥大などに利用する肥料養分のバランスを現していることである。そのため、作物の生育とともに一定の規則性をもって上昇・下降を繰り返す。

たとえば、リンゴなどの果樹で高品質・多収の樹は図5－16のように、萌芽前の芽の汁液濃度は一二度くらいに高まっている。これが生長とともに養分が使われ、開花期近くになると先端付近の葉の汁液濃度は四、五度まで落ちてくる。その後ふたたび高まり、実どまり期にはまた四、五度に落ちる。その後、果実の肥大開始期には、濃度は一二～一五度と最大に高まって、果実を盛んに太らせる。それが、肥大が

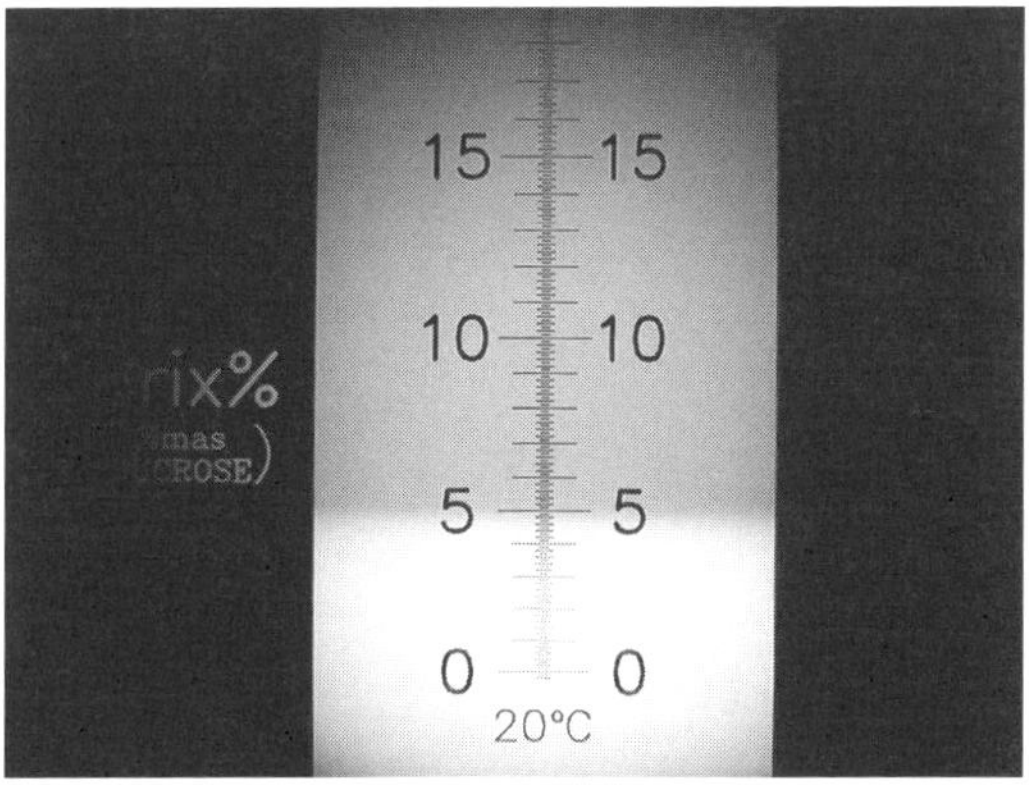

写真5-9　汁液濃度5度　白と青の境目がくっきりとして、チッソ肥効と養分バランスのよい状態

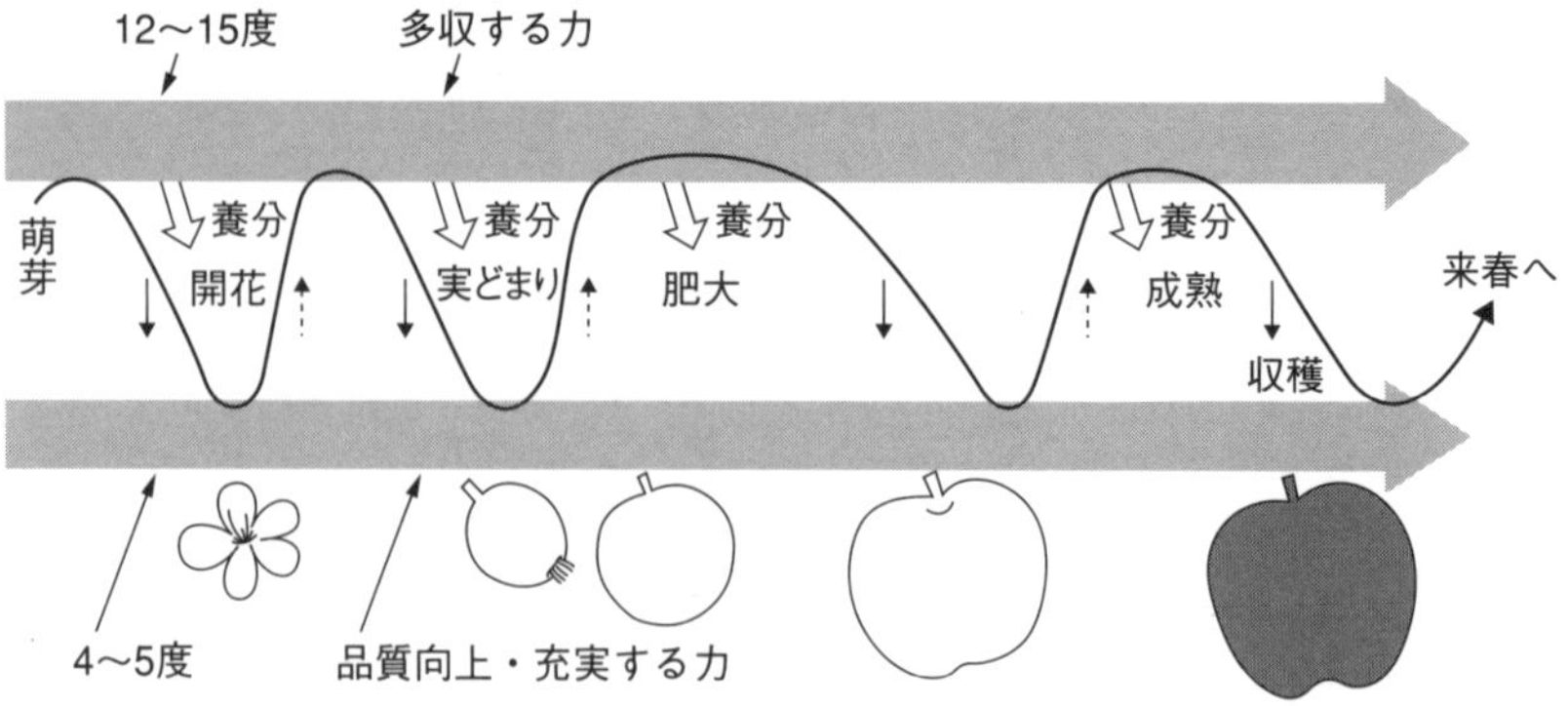

↓養分濃度が下がらないとき、有機酸マグネシウムやアミックス(6-8-2)を葉面散布。
↑養分濃度が上がらないとき、チッソを施用して、かん水する。

**図5-16　汁液濃度は規則的に上昇・下降をくり返す
(リンゴ新梢の先端の葉の汁液)**

進むにつれて落ちていく。糖が乗る成熟期の初期にはまた高まり、完熟期に近づくにつれて四、五度まで落ちる。

汁液濃度で、着果量・収穫量をコントロール

この汁液濃度のサイクルにおいて、たとえば発芽前や肥大開始期に一二度とか一五度に高まるはずのときに七度とか八度しか高まらない樹は、チッソ不足であり、着果数を減らさないと樹が弱り、果実の肥大も悪くなる。

逆に、汁液濃度が下がるべき開花期や肥大盛期に一〇度とか八度もあって、五度に下がってこない樹は、チッソ過剰、塩基・リン酸不足の樹で、枝が徒長するばかりで、着果や果実の肥大・品質が劣る。このような樹は、石灰・苦土の追肥など養分バランスをよくする施肥を行なって、着果数を増やすことにより、枝の徒長に使われている養分を収量・品質のアップに振り向けることができる。序章で、着果数・収穫量を制限しないで収量・品質を向上できると述べたのは、汁液濃度診断にもとづくチッソ肥効と養分バランスの管理、および着果量調節で可能になる。

お茶では、味と品質をよくするため、新芽をあまり大きくせず、葉二、三枚(一心二葉、一心三葉)で摘む傾向が強まっている。しかし、養分バランスのよい施肥をして、春の萌芽前の芽の汁液濃度を一二度くらいに高めれば、一心四葉、五葉と葉数を多く摘んでもやわらかく養分が豊富なので、美味しいお茶を多収できる。

チッソ肥効と養分バランスを最適にする追肥管理

汁液濃度が低く、葉や株が小さくなっているのはチッソ不足である。この場合、もっともわかりやすい対策は、チッソを追肥してかん水をすることである。ところが、根の活力が低くて肥料が吸えないという場合や、株周りが乾燥しすぎてチッソ肥効が現われないという場合が多い。そのため、堆肥マルチによって保水性と通気性の改善をして、よくかん水し、堆肥マルチ上へチッソと石灰の追肥を施す（26、53ページ参照）。同時にハウス内の適正湿度確保や、株元の強光防止など「チッソ-石灰コンビネーション肥効」を引き出す管理を組み合わせる。

汁液濃度が高すぎる場合は、作物体内の過剰なチッソを石灰や苦土などで置き換えてやることである。そのために、塩基バランス施肥が有効で、堆肥マルチ上への石灰や苦土（水溶性苦土とく溶性苦土を配合したスーパーマグなど）の施用、有機酸マグネシウム（キーワードなど）の葉面散布などを行なう。

また、核酸・プロリンを主体とするアミノ酸液肥（「アミックス」など）の葉面散布を、汁液濃度管理に使いこなしている生産者も多い。汁液濃度が低すぎる場合にはチッソの多いタイプ（七-四-四）、高すぎて天候が悪い場合にはリン酸が多いタイプ（六-八-二）というように使い分ける。

付

養分バランス施肥のための
肥料・資材の種類と選び方・使い方

1 チッソ質肥料

作物が根から吸収する無機態チッソは、アンモニア態チッソと硝酸態チッソである。アンモニア態は水に溶けて陽イオンになってすぐに吸収されるほか、土のコロイドに保持（養分保持力＝CEC、81ページ参照）されるので、流亡が少ない。硝酸態は、水に溶けて陰イオンとなってすぐに吸収されるが、土に保持されないので、降雨やかん水によって流亡しやすい。

硫安と塩安のチッソの全部、硝安のチッソの半分がアンモニア態チッソで、硝安のチッソの半分、チリ硝石・硝石のチッソの全部が硝酸態チッソである。

施用にあたっては、チッソ全施用量のアンモニア態と硝酸態の割合が、日照量の多い平坦地では七対三、山間地では六対四を目安とする。元肥時には、土壌分析で、チッソの残存量を調べて、この割合になるようにすることが望ましい。有機物のチッソはゆっくりと分解されてアンモニア態に変わるので、土中のアンモニア態チッソの量を持続させるには、有機質肥料、堆肥を施す。

本書の重要課題である「チッソ－石灰コンビネーション肥効」を出すためには、チッソが吸収されたあとのCECの空席を石灰でうめる施肥（89ページ参照）を行なうが、それには、石灰を含んでいてチッソとのバランスのとりやすい石灰チッソが向いている。

○おすすめ肥料例

あさひポーラス660（二〇kgポリ袋入）　保証成分は全チッソ一六％、うちアンモニア態が一三・五％、硝酸態が二・五％で、硝酸一に対しアンモニア態が五・四倍と多い。土壌中には硝酸が蓄積していることが多いので、六対四（あるいは、七対三になるよう）のバランスを考えながら施用する（必要なら硝酸のみを肥料で補う）。

この肥料は、リン酸も可溶性一六％、水溶性一三・五％とバランスがよい。カリも水溶性一〇％と全体のバランスがよい。

どの成分も水に溶けやすく、効きが早い特徴がある。

作目やCECの違いによって施肥量が変動するが、元肥には土壌分析・診断によって一〇aあたり八〇～一二〇kg程度、追肥には月に（一回）二〇～三〇kg程度施用する。

2 リン酸質肥料

無機態のリン酸には、水に溶けてすぐに吸収される水溶性リン酸、クエン酸アンモニウムに溶ける可溶性リン酸（水溶性リン酸も含まれる）、二％クエン酸に溶けるく溶性リン酸と不溶性リン酸がある。過リン酸石灰や複合肥料に含まれるリン酸の大部分は水溶性リン酸で、即効性を示す。溶成リン肥のリン酸はく溶性リン酸で、緩効性を示す。

リン酸は、土中の活性の鉄やアルミニウムと結合して不溶性になりやすい（リンの固定、リン酸吸収係数、39ページ参照）。火山灰土など軽い土ではとくにこれが激しいが、く溶性リン酸は土の比重を高め、リン酸吸収係数を下げて吸収されやすくする効果がある。

過リン酸石灰は、リン酸とともに石灰を補給、苦土重焼りんは苦土を補給するのに適している。リン酸の土壌施用は、ふつう元肥だけの施用でよい。土壌分析をして、石灰と苦土の土壌残存量・必要施用量に応じて、使い分ける。また、土にリン酸が過剰に蓄積している場合は施用を控え、苦土か石灰の足りないほうを施してリン酸の吸収・利用を促進する（99ページ「リン酸―苦土コンビネーション」参照）。

◯おすすめ肥料例

46重焼燐（二〇kg樹脂袋入）　リン酸九・二kg（うち、水溶性リン酸六・〇kg）。土壌分析にもとづく施肥計算後にリン酸の不足している場合に選ぶ。

作物の生育初期によく効く水溶性リン酸と、収穫期までよく吸収されるく溶性リン酸の両方が、バランスよく含まれている。どんな肥料とも配合できる。

3 カリ質肥料

化学肥料と有機質肥料いずれの場合も、カリ成分は早く水に溶けて、陽イオンとなって根から吸収されるとともに、土のコロイドに保持されるので流亡することも少ない。

元肥にも追肥にも、おもに硫酸カリか塩化カリを用いるが、重炭酸カリは二酸化炭素を発生させて、空気中の湿度を少し上げる効果がある。冬に湿度が下がって、肥効が出にくく、うどんこ病が多くなるときなどに、ほかの湿度・水分確保対策と組み合わせるとよい。珪酸カリは、養分保持力ＣＥＣの低い土壌で使うと効果がある。

また、堆肥中のカリはすべて水溶性で効きやすく、かつ有機物が自活性センチュウなど土壌生物の活動を活発にして、根圏環境を改善する。そのため、果菜類の果実肥大・収穫が盛んな時期に堆肥マルチをすると、カリがよく補給される。果実肥大を促すとともに、堆肥中のカリは葉肉を厚くする効果があり、病害予防にも有効である。

○おすすめ肥料例

重炭酸カリ　カーボリッチ（カリ四六％）　硫酸カリや塩化カリより塩素が少なく、ＥＣ濃度が高くならない。ほかのカリ肥料には含まれていない炭酸ガスを四三・七％含んでいる。肥大生長促進を狙うときに使用する。

4 石灰質肥料

石灰質肥料は、養分としてのカルシウム補給と、酸性土の改良（pH＝塩基飽和度の適正化、83ページ参照）に使われる。これまでの施肥では、おもに後者の目的で施されてきたが、本書の重要テーマである「チッソ－石灰コンビネーション肥効」を上げるためには、両方の作用が重要である。

貝化石やかき殻など海の生物由来のものはおもにpHの引き上げ効果が期待される。一方、硫酸カルシウムなど岩

食味向上効果・鮮度保持効果が高く、果実の肥大が早く、成り疲れを防止する。また、チッソ過剰を抑制する生長調整効果がある。追肥でよく施用する。

石由来のものは土のコロイドに保持されてチッソの空席うめ（89ページ参照）とカルシウム補給効果、土の気相をうめて物理性の改善効果が期待される。元肥には、両者を半々くらいで施すのがよい。石灰と同時に苦土を補給するときは、苦土石灰を使う。

本書では石灰追肥を重視している。たとえば、葉が短く小型化し、ガクも短くなるなど樹勢・収量の低下を防ぐには、チッソとともに石灰の追肥が必

要である。

なお、カリの場合と同様に、良質の堆肥中には石灰が二%以上と多く含まれる。追肥時に堆肥マルチをして、その上にチッソを施し、必要量の石灰をプラスすると、「チッソ―石灰コンビネーション肥効」が上がる。

○おすすめ肥料例

エスカル（硫酸カルシウム八五%）（二〇kgポリ袋入）　CECから求められるチッソの空席うめの石灰補給に適した硫酸カルシウムが主体で、リン酸、苦土、マンガン、ホウ素、ほかにケイ素、有機腐植が含まれている。植物にもっとも吸収利用されやすい二水石膏のまま特殊造粒してあり、土壌中での分解はきわめてスムーズである。

キレートカルシウム　カルハード（CaO一一%）　生育診断でカルシウムが不足した場合、たとえばトマトのガクが短いとか、イチゴの軟化玉が多いなど明らかに石灰が不足している場合に、即効改善をねらって施用する。

植物抽出成分（カルボン酸）のキレート効果により、カルシウムが作物に効果よく吸収利用される。

基本的には前述のエスカルを元肥と追肥で用いるが、追肥の遅れや天候に左右されて生育不良をおこしているときには、このカルハードを葉面から一〇〇〇倍で補う。

5　苦土質肥料

苦土は、葉緑素の主要成分となるなど成分の効果に加え、塩基バランスの適正化およびリン酸吸収・利用促進の効果がある。硫マグ（硫酸苦土）は水溶性で即効性があり、水による流亡が早い。水マグ（水酸化苦土）は、く溶性で長期栽培の作物に適する。

石灰と同様に、元肥だけでなく、栽培中の生育観察にもとづく追肥が重要になる。

○おすすめ肥料例

スーパーマグ33―11　土壌診断で苦土の不足分を割り出す。苦土は生育初期から効きだす分と、生育期間中ゆっくり効く分との割合を五〇%ずつと考えている。それぞれを水溶性とく溶性で五〇%ずつ選ぶ方法もあるが、コストと手間を考えると、スーパーマグが即効性であり手早い。

スーパーマグには水溶性苦土が一

一%、く溶性苦土は二二%含まれている。不足する水溶性苦土は硫マグで補正する。

キーワード（Ｍｇ三一%、ＭｇＯ九%）

追肥で用いるのに適した有機酸マグネシウム肥料である。収穫仕上げ時に汁液濃度（糖度、101ページ）が高すぎて、着色や肥大が悪い場合、または栄養生長から生殖生長への切替えを促進するために一〇〇〇倍で葉面散布する。二～三日で汁液濃度が下がり、肥大や着色が進む。

6 樹勢・汁液濃度調整用の葉面散布肥料

アミックス6－8－2　アミックス7－4－4　植物種子の胚芽、果肉などに含まれる栄養分（プロリン・核酸）を、理化学的に抽出、加工、熟成させたエキスに、即効性肥料をブレンドした。

たんぱく質・アミノ酸・核酸などの有機栄養分が食味をよくし、収量を増やす。糖類、リグニンたんぱく複合体などの栄養分が、根圏微生物の増殖を促し、根に活力を与え、作物の生育を促進する。

一〇aあたり一〇～二〇kgを四〇〇～八〇〇倍に薄め、かん水する。果菜類は七日に一回が目安。

汁液濃度（糖度）を見ながら、その濃度を高めて栄養生長を促進する場合は「7－4－4」を、逆に、高い汁液濃度を下げて生殖生長に切り替える場合には「6－8－2」を、いずれの場合も三日に一回、八〇〇倍で葉面散布する。

7 土の物理性改善、CEC増強資材

レストST－1000（CEC・腐植改善資材）

鉱物・海草などから特殊抽出したエキスに、鉄やケイ素など、土壌コロイドの形成と機能（81ページ参照）に必要不可欠な微量要素をブレンドした土

壌改良材。土壌中に蓄積した有害因子を即効的に分解し、新根をつくる。

有機質肥料や堆肥に一〇aあたり三ℓを二〇〇～四〇〇倍で散布してすき込み、一〇日後もう一度二ℓを散布する。追肥ごとに一ℓ一〇〇〇倍でかん水すると根の張りがよく、土壌に過剰に蓄積していた石灰やリン酸が見る見るうちに作物に吸収・利用されて減少し、土壌が若返ってくる。

生殖生長期に汁液濃度を下げて着果や肥大、品質向上を促すのに効果的。チッソの効きすぎかな?と思ったら、即座に施用するとよい（一ℓ一〇〇〇倍）。

連作障害などで塩基飽和度が異常に高まっている土壌、畜産堆肥の大量投入をして植物有害因子が蓄積した土壌など、生育不良園へ散布してもよく効く。

生産履歴管理システム製造堆肥

初期発酵温度八〇℃上昇による雑菌・草種などの有害因子を分解、炭素率の適正化（一五～二〇）、発芽試験・幼植物試験を合格した堆肥に、土壌中に蓄積している有害因子を分解する「レスト」を吸着させている。気相確保・保水性向上・CEC改善に役立つ〝安心堆肥〟。堆肥の品質については55ページ参照。

以下のところで生産している。

・**岩手県岩泉農業振興公社**（年間一万二〇〇〇t生産）

・**東和堆肥生産組合**（年間二〇〇〇t生産）

以上は、東北基地として、北海道、青森、山形、福島、埼玉などのJAに出荷。果樹、施設園芸農家に普及

・**コマスエコクリエイト㈱**（年間三万t生産）　中部基地として、静岡県のJAに出荷。チャ、施設園芸に普及

・**広島炭化工業㈲**（年間六〇〇〇t生産）　中国基地として、広島県のJAに出荷。果樹・施設園芸に普及しています。

・**JA愛媛たいき農業協同組合アメニセンター**（年間三二〇〇t生産）

・**長州牧場**（年間六〇〇〇t生産）
北九州・山口県内のJA、ホームセンター、大手肥料会社に出荷

・**㈱AML農業経営研究所旭志工場**（年間一万二〇〇〇t生産）。JA熊本県経済連の元気有機堆肥の生産（指定工場）、その他3経済連の指定堆肥の生産

・**JAあおぞら農業協同組合**（年間六〇〇〇t生産）管内はもちろん、さつま・南さつま・日置など南九州のJAへ出荷。果樹・イチゴ・チャ農家などに普及

8 収量・品質アップの診断と追肥例

A 徒長に回っている養分を収量・品質向上に向けたい

果樹（リンゴなど）

症状 収穫六〇日前にまだチッソが切れず、樹勢が強すぎて果実の肥大、着色に影響が出そう。

原因 肥料過剰か天候不順か、あるいは土壌に問題があるのか、原因はいくつか考えられる。一般的には肥料過剰と判断して減肥をする。また、着果数が少なくて樹勢に見合わない場合も多い（せん定の問題）。

診断 徒長枝先端の汁液濃度を測定してみる。一三度以上あったら対処が必要。一三度まで落とせば肥大、着色が図れる。

資材 「キーワード」または「アミックス6-8-2」を五日おき三回、八〇〇倍で葉面散布。翌日から汁液が落ち始め一三度で安定する。

B 成り疲れで連続高品質生産ができない

果菜類（トマト・キュウリ・ピーマン・ナスなど連続着果する作物）

症状 生育初期は肥大・味ともに順調なのに、後半になると肥大が悪く、日持ち、収量ともに減少する

原因 追肥の遅れおよび施肥量の不足が考えられる

診断 展開葉を見て初期に比べて小さく、葉の縁が内側に巻いている場合、チッソ追肥とあわせた石灰追肥が効果的。

資材 「エスカル（硫酸カルシウム主体）」を成分で一五〜二〇kgを毎月追肥すると、展開葉が大きくなり、ガクが大きくなって果実の肥大も改善されてくる。後半まで樹勢が維持できるようになる。

C リン酸が過剰にあるのに効かない

すべての農作物

症状　低温や日照不足が続くと一気に樹勢が低下して花芽が飛んだり、着果不良を引き起こす。

原因　土壌の比重（容積重）が一・〇以下でリン酸吸収係数が一五〇〇以上あり、作物が十分リン酸を吸えないのが原因。

診断　土の三相分布と比重を測定し、気相率が発根に適した二四％前後となり、同時に比重一・〇前後となるように改善。あわせて透水試験による物理性の改善が必要。具体的には、堆肥、ゼオライト、マグネシウムの施用。

資材　堆肥はレスト処理をした〝安心堆肥〟（112ページ）。ゼオライトには「アルファーテン」、苦土は水溶性とく溶性が半々入る「スーパーマグ」を使用する。

資材を選ぶ前に必ず行なってほしいのは土壌分析・診断である。問題点があれば必ず原因があるはずで、たとえば、追肥遅れが原因で樹勢が低下して、様々に合併症をおこしている場合もある。適正な処方にはまず適正な診断が必要になることに注意してください。

また資材については、現在、流通しているものはそれぞれに特徴があり、効能もすぐれている。筆者もここにあげた以外に、成分が高く安価であればメーカーを問わず現地調達型で指導している。

本書で扱っているおもな資材

1. 堆肥づくり・土づくり資材

○堆肥製造で好気性発酵促進、初期発酵温度80℃に上昇、消臭、発酵期間の短縮：畜産用レスト（AML）

○養分過剰集積、未熟腐植集積、低CECなどの障害の改善（塩基飽和度調整材　鉱物・海藻ミネラル・糖度などから抽出）：レストST-1000（AML）

○保肥力低下、連作障害などの改善（塩基飽和度調整材　クリノプチロライト）：アルファー・テン（AML）

○水はけ・水もち向上など土壌改良（物理性・飽和度調整材、堆肥）：寿宝（AML）

2. 汁液濃度調整資材、発根促進のための有機液肥

①アミノ酸液肥

綿実油粕に焼酎粕を混ぜた発酵品をベースに果実汁など有機質材を材料に発酵抽出したアミノ酸（核酸・プロリン）液肥。汁液濃度（糖度）による生育診断、体質改善に。

○日照不足時で汁液濃度を高めたい場合：アミノックス7－4－4（AML）

○日照不足時で汁液濃度を下げたい場合：アミノックス6－8－2（AML）

②有機酸マグネシウム（液体）

○乾燥時で汁液濃度を下げたい場合：キーワード（コマスエコクリエイト(株)）

③プロリン主体アミノ酸

○乾燥時で汁液濃度を下げ発根を促進させたい場合：リグ（AML）

3. 施設内の湿度調整材

○ハウス内の湿度が高い場合の調整材：ミセス・シリカ（久野商会）

◆AML正規技術認定代理店（技術指導型代理店募集中）

（上記商品取り扱い、および土壌診断・汁液診断・施肥改善などの技術指導のできる店）

＜京北地区＞　岩手県（社）岩泉農業振興公社

〒027-0507 岩手県下閉伊郡岩泉町二升石字和田140－10　電話 0194－22－2260

＜中部地区＞　愛知県　コマスエコクリエイト(株)

〒484-0011 愛知県名古屋市中川区山王四丁目7－12　電話 052－322－5131

＜静岡地区＞　静岡県　農芸環理株式会社

〒421-0414 静岡県牧之原市勝俣989－1　電話 0548－24－1355

＜関西地区＞　和歌山県　橋爪肥料店

〒649-0141 和歌山県海南市下津町小南176　電話 073－492－2020

＜四国地区＞　香川県　青野商店

〒767-0022 香川県三豊郡高瀬町大字羽方713－3　電話 0875－74－6252

＜九州地区＞　福岡県　（株）久野商店

〒801-8691 福岡県北九州市門司区浜町1番3号　電話 093－321－4431

＜代理店技術者育成・総合指導・コンサル窓口＞

（株）AML農業経営研究所（株式会社　エー・エム・エル農業経営研究所）

〒869-1202 熊本県菊池郡旭志村麓1815－3　電話 0968－37－4030

著者略歴

武田　健（たけだ　けん）

昭和33年　静岡県で生まれる。
昭和60年　印刷企画会社にて農業部設立。『農業技術大系　土壌施肥編』(農文協刊)を片手に現地指導にまわりはじめる。
平成９年　農業経営研究所を設立。コンサルタント業務を開始し現在に至る。農家や農協，自治体等の要請を受け全国を現地指導に歩き，各地で成果を上げている。
平成18年　鹿児島にＪＡ営農技術指導員向けの研修所「農経塾」（堆肥づくりから栽培指導を受けられる。全寮制）を開設。

だれでもできる
養分バランス施肥
「水・湿度・肥料」一体で上手に効かす

2006年9月30日　第1刷発行

著者　武　田　　健

発 行 所　社団法人　農山漁村文化協会
郵便番号　107-8668　東京都港区赤坂7丁目6－1
電　　話　03(3585)1141(営業)　03(3585)1147(編集)
ＦＡＸ　03(3589)1387　　振替　00120-3-144478
ＵＲＬ　http://www.ruralnet.or.jp/

ISBN4-540-05299-3　　DTP制作／ニシ工芸(株)
〈検印廃止〉　　印刷・製本／凸版印刷(株)

農文協の図書案内

Q&A 絵でみる野菜の育ち方
生育のメカニズムとつくり方の基礎
藤目幸擴著
1700円

タネを直まきする野菜と苗を育てる野菜があるのはなぜ？ 結球野菜の葉の働きは？ どうしてホルモン処理したトマトはとがってるの？ 野菜が育つしくみを尋ねながら、栽培の勘どころを明らかに。「育ち方」からわかる「育て方」。

野菜の作業便利帳
よくある失敗100カ条
川崎重治著
1530円

生育不良、病気、障害、その背景にはちょっとした作業のミスや思いちがいがある。施肥、播種、苗つくり、植え方から日常管理まで、長年の技術指導でつかんだ作業改善のコツが満載。

あなたにもできる 野菜の輪作栽培
―土がよくなり、農薬・肥料が減る知恵とわざ
窪　吉永著
1800円

トマトの前作にはホウレンソウで土つくり、害虫が少ないネギ後にはナスがもってこい…田畑の土の活力と疲れに見合った配置、作付けで、ラクに楽しくできる野菜・米づくり。減農薬・有機の伝統農法の現代的再展開！

図説 野菜の生育
―本物の姿を知る
藤井平司著
1580円

葉の形や立ちぐあいなど、環境に応じて自ら姿を変える野菜。チャンスをとらえ、動いているかのように描かれた図をもとに、健全生育の実像に迫り、自立的な生育を可能とする栽培の原理を浮きぼりにする。

農学基礎セミナー 新版 野菜栽培の基礎
池田英男・川城英夫編著
1950円

土づくり、施肥、施設利用と環境、化学農薬によらない防除、セル苗の育成など、環境管理の基礎から実際と、主要野菜からハーブまで34種の原産・来歴、生育の特徴、作型、栽培法、病害虫防除など、豊富な図解で解説。

（価格は税込み。改定の場合もございます）